电力设备检测新技术

国网河北省电力有限公司石家庄供电分公司　编

中国电力出版社
CHINA ELECTRIC POWER PRESS

内 容 提 要

本书从实际应用出发，分别阐述了变电站设备试验、检修及保护专业相关创新技术与应用，共四篇十章，主要内容包括应用概述、基本技术原理、实际应用效果及取得的成效等。本书将近几年工作中遇到的相关问题全部转化为解决措施，以致力于提高作业现场工作安全、效率及标准。

本书具有较强的逻辑性、通用性、规范性，可供电力系统相关专业人员参考，尤其是从事变电设备试验、检修及保护人员查阅和技术创新使用。

图书在版编目（CIP）数据

电力设备检测新技术 / 国网河北省电力有限公司石家庄供电分公司编 . —北京：中国电力出版社，2022.6

ISBN 978-7-5198-6699-0

Ⅰ . ①电… Ⅱ . ①国… Ⅲ . ①电力设备－检测 Ⅳ . ① TM407

中国版本图书馆 CIP 数据核字（2022）第 065066 号

出版发行：中国电力出版社

地　　　址：北京市东城区北京站西街 19 号（邮政编码 100005）

网　　　址：http://www.cepp.sgcc.com.cn

责任编辑：孙　芳

责任校对：黄　蓓　郝军燕

装帧设计：赵丽媛

责任印制：吴　迪

印　　刷：三河市万龙印装有限公司

版　　次：2022 年 6 月第一版

印　　次：2022 年 6 月北京第一次印刷

开　　本：787 毫米 ×1092 毫米　16 开本

印　　张：9.25

字　　数：193 千字

印　　数：0001—1000 册

定　　价：50.00 元

编　委　会

前　言

　　电网设备试验、检修、保校是保证电力系统健康稳定运行的首要手段，在设备停电状况下，通过试验数据反映设备运行状况，结合检修检查发现设备结构存在的问题，利用保护校验手段确保保护装置正确、灵敏动作，常规年检以不可取代的方式诠释了电网人对社会的坚守。近年来，国家电网公司积极推进职工技术创新、管理创新、科技创新等工作，提倡以更全面、更安全、更高效的新技术手段改进传统的作业模式，大力推广新技术、新工具、新模式在现场作业中的实际应用，期间也涌现出了一大批带动行业进步的新技术，突出表现在电气试验、检修作业管理等方面实现了国际领先。

　　为切实提高行业相关工种作业效能、改善现场作业环境、促进管理模式升级，在国网石家庄供电公司创新领域带头人吴灏的带领下，组织编撰《电力设备检测新技术》一书。全书共包括四篇，分别介绍了变压器试验新技术、断路器检修新技术、四小器试验新技术及变电站创新技术应用 4 大类共 10 种新技术的发展历程、基本原理、结构组成和应用时效。本书是近几年来国网石家庄供电公司变电检修专业最新创新成果的研究及应用结晶。

　　本书可供电力系统工程技术人员和管理人员学习及培训使用，也可供其他相关人员学习参考，由于时间仓促，书中难免存在疏漏之处，恳请广大读者批评指正。

编者

2021 年 12 月

目　录

第一篇

变压器试验新技术

第一章　变压器高压试验集成车的研发与应用

传统变压器试验需要人员反复上下变压器、反复攀爬套管、反复变换试验接线及试验仪器，不能满足日益增长的工作要求，通过研发变压器高压试验集成车，我们将所有试验仪器集中在试验车中，利用程控切换的手段依次进行变压器的各项试验操作，同时研发试验电缆，一次接线，将主变套管上的变换接线引入到地面，无须再反复攀爬，成果的应用将传统试验从 6 人 6h 缩短至 3 人 3h，提升了工作效率，降低了安全风险。

第一节　变压器试验技术发展历程

一、变压器介绍

变压器如图 1-1-1 所示，是电力系统中的一个极其重要的电气设备，变压器试验质量的高低直接影响到工业、农业及家庭供电的安全与可靠。如果安装在关键位置的变压器出现损害，电力输送出现问题，会影响到工农业和人民生活用电的正常供应，因为大容量高电压变压器供电范围很大，一旦损坏就会引起大面积的停电，给国民经济带来重大损失。其影响很大。众所周知，2003 年到 2006 年，美国加拿大北美电网曾发生多起停电事故。尤其是 2003 年 8 月 14 日，美国北部和加拿大部分地区发生大面积停电事件，长达 29h 的停电造成美国 300 亿美元的直接经济损失。继美加 2003 年 8 月 14 日发生的大面积停电事故后，2003 年夏季西欧地区相继发生了若干次大面积停电。

图 1-1-1　变电站变压器示意图

近年来我国的电力工业发展很快，发电机容量及输变电电压的不断提高，对输变电设备的可靠性的要求也就越来越高。如果出现损坏，这些变压器的修复和往返所耗费的时间很多，影响国民经济发展。因此，提高变压器出厂、交接及例行试验的准确性和可靠性对保证变压器的安全和可靠运行十分重要。

变压器是变换交流电压、电流和阻抗的器件，当初级线圈中通有交流电流时，铁芯（或磁芯）中便产生交流磁通，使次级线圈中感应出电压（或电流）。变压器由铁芯（或磁芯）和线圈组成，线圈有两个或两个以上的绕组，其中接电源的绕组叫初级线圈，其余的绕组称为次级线圈。在变压器中，不管是线圈运动通过磁场或磁场运动通过固定线圈，均能在线圈中感应电势，此两种情况，磁通的值均不变，但与线圈相交链的磁通数量却有变动，这是互感应的原理。变压器就是一种利用电磁互感效应，变换电压，电流和阻抗的器件。

变压器主要应用电磁感应原理来工作。具体是：当变压器一次侧施加交流电压 U1，流过一次绕组的电流为 I1，则该电流在铁芯中会产生交变磁通，使一次绕组和二次绕组发生电磁联系，根据电磁感应原理，交变磁通穿过这两个绕组就会感应出电动势，其大小与绕组匝数以及主磁通的最大值成正比，绕组匝数多的一侧电压高，绕组匝数少的一侧电压低，当变压器二次侧开路，即变压器空载时，一二次端电压与一二次绕组匝数成正比，即 $U_1/U_2 = N_1/N_2$，但初级与次级频率保持一致，从而实现电压的变化。

变压器的分类形式多样：

（1）按冷却方式分类：干式（自冷）变压器、油浸（自冷）变压器、氟化物（蒸发冷却）变压器。

（2）按防潮方式分类：开放式变压器、灌封式变压器、密封式变压器。

（3）按铁芯或线圈结构分类：芯式变压器（插片铁芯、C 型铁芯、铁氧体铁芯）、壳式变压器（插片铁芯、C 型铁芯、铁氧体铁芯）、环形变压器、金属箔变压器。

（4）按电源相数分类：单相变压器、三相变压器、多相变压器。

（5）按用途分类：电源变压器、调压变压器、音频变压器、中频变压器、高频变压器、脉冲变压器。

对不同类型的变压器都有相应的技术要求，可用相应的技术参数表示。如电源变压器的主要技术参数有额定功率、额定电压和电压比、额定频率、工作温度等级、温升、电压调整率、绝缘性能和防潮性能。对于一般低频变压器的主要技术参数是变压比、频率特性、非线性失真、磁屏蔽和静电屏蔽、效率等。电压比：变压器两组线圈圈数分别为 N_1 和 N_2，N_1 为初级，N_2 为次级。在初级线圈上加一交流电压，在次级线圈两端就会产生感应电动势。当 $N_2 > N_1$ 时，其感应电动势要比初级所加的电压还要高，这种变压器称为升压变压器；当 $N_2 < N_1$ 时，其感应电动势要比初级所加的电压低，这种变压器称为降压变压器。

$$n = N_1/N_2$$

式中：n 为电压比（圈数比）。当 $n > 1$ 时，则 $N_1 > N_2$，$U_1 > U_2$，该变压器为降压变压器，反之则为升压变压器。

二、变压器试验发展历程

电力变压器故障诊断技术的研究最早起始于 20 世纪 60 年代，经过专家们几十年的努力，它几乎已经发展成了一门独立学科，在电工界受到广泛重视，其理论研究已日渐趋于成熟，在实践中，各种诊断技术也已获得了显著的成果。电力变压器故障诊断是根据监测系统提供的信息，对变压器所处的状态进行评估，以确定该设备是否存在故障以及故障严重程度。大型充油电力变压器的故障涉及面广而复杂多样，很难以某一单独的特征量来判断出故障的类型及性质。

预防性试验是对变压器故障最主要的诊断方法，其有效性对诊断结果有着决定性影响。通过各种有效的试验，获取可靠、准确的试验结果是正确诊断变压器故障的基本前提。当变压器出现异常时，要迅速进行有关试验，对变压器的状况进行诊断，确定有无故障。到目前为止，变压器的故障诊断常规预防性试验项目主要包括电气试验、油中溶解气体分析以及绝缘油的特性试验等，此外，红外线测温技术、超声波探伤技术、检测绕组变形缺陷的频率响应分析法和低压脉冲法等也逐步得到了应用。

变压器的按周期开展的试验称为变压器例行试验，变压器例行试验包括频响试验、整体绝缘试验、整体介损试验、套管试验、有载开关试验、直流电阻试验、铁芯绝缘试验等。若进行交接或诊断试验时，还应进行频响试验、低电压短路阻抗试验、变比试验和感应耐压局放试验等。为便于试验接线，一般的试验顺序为频响试验、绝缘试验、整体介损试验、套管试验、有载开关试验、低电压短路阻抗试验、变比试验、直流电阻试验、铁芯绝缘试验、感应耐压局放试验等。

随着信息、电子和计算机等科学技术水平的不断提高，电力变压器在检测手段的可靠性和实时性方面，已经发生了天翻地覆的变化，人工智能技术在电力设备故障诊断领域的应用越来越广泛。人工智能技术通过对测得的试验数据进行分析和处理，准确及时地判断故障的类型、原因和部位，是智能化故障诊断技术发展的热点。

三、变压器试验车发展历程

电力系统试验车的研究目的是希望能够使试验车快速进行电力系统的各种检测，增强电力系统运维和检修的自动化程度，提高电力系统的运检效率，降低人工操作时的风险。

可移动式电气试验车以改装后的中型客车为载体，将电气设备预防性试验设备安装在车内，能够满足变电站电气设备性能检测，交接试验和运行中的预防性试验。总体上电气试验车推广时间还不长，仍处于发展演变之中。从技术模式分，目前已有的电气试验车可分为三代。

第一代是机械地将原来独立使用的仪器集中安装于车上，使用时可单独在面板上手动操作，操控、接线等使用方式与分立仪器完全一样，需要时也可取下离车使用，试验车不便接近于试品同时，车载平台的诸多优势也无法有效发挥。

第二代是将仪器集中安装于车上的同时，根据车载使用环境，优化安装、操控、接线、监视、报告打印等环节，提高车载仪器的使用方便性。

第三代试验车的设计思路是基于车载平台，面向试验任务和试验环境，通过任务组态调度，实现相关试验检测功能。

四、传统试验方法缺点

随着变压器数量日益增多，现有试验人员力量及技术方法已不能满足现有工作量的需求。同时，随着主变检修精益化管理的深入，试验项目及标准要求日趋严格，使检修试验管理的矛盾日益突出。主要表现在：

1. 设备数量增长与人员数量减少的矛盾

现有试验人员难以适应设备维护数量的成倍增长。近年班组试验人员数量呈逐年减少趋势，而设备数量增长较快，如图 1-1-2 所示。现有人力难以满足实际工作需求。

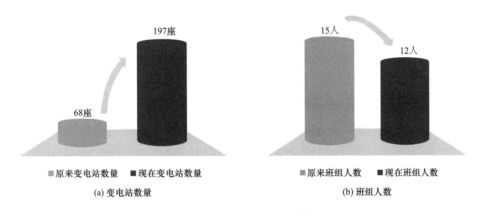

(a) 变电站数量　　　　　　(b) 班组人数

图 1-1-2　变电站数量与作业人数对比图

2. 试验人员作业高风险与大工作量的矛盾

随着状态检修的开展，主变试验项目增多，试验要求提高，工作人员停留在主变压器上部倒换接线的时间由过去的 3～5h，攀爬套管次数由原来的 11 次增加为 23 次，变更接线的次数由原来的 16 次增加为 39 次，这些造成工作人员高摔、触电的概率增大，图 1-1-3 为工作现场。

3. 计划停电时间与检修试验时间的矛盾

为提高供电可靠性，设备停电检修时间普遍缩短；在主变检修试验现场，因装备自动化水平不高、安全防范能力差，各专业的工作只能依次进行。特定时段只安排主要工序，无关人员只能等待，因而在有限的检修时段内，工作安排日趋紧张。

4. 试验装备水平与标准化作业要求的矛盾

检修、试验设备现场布置散乱、交错，缺乏标准化管理。检修试验现场在仪器布置、设备操作等缺乏集中管理手段及其适用装置，存在不规范、不标准的现象，存在安全隐患，图 1-1-4 为传统作业模式图。

图 1-1-3　多人工作现场图

图 1-1-4　传统作业模式图

5. 高效决策与管理手段落后的矛盾

近年来随着所辖设备数量增加，给试验管理工作增加了难度，数据查询统计需耗费较长时间。主变现场试验数据需进行大量的计算分析，工作烦琐还易出错，导致不能在第一时间做出检修决策，甚至延期送电，图 1-1-5 为传统记录和查询作业模式。

图 1-1-5　传统记录与查询作业模式

本成果旨在通过新型试验装置的研发，对传统电气试验方法进行系统改进，解决当前变压器现场检修试验工作存在的主变上部需长时间留人，造成用人多；重复性变更试验接线，造成用时长；试验人员反复攀爬主变套管，造成风险高，计划停电检修经常延期等突出问题，最终以提高变压器现场试验的工作效率和安全控制水平，减轻劳动强度为目标，建立一种变压器现场试验的新模式。

第二节　变压器试验车的技术原理

一、程控切换程序理论介绍

所谓程控切换程序，主要是利用程序控制完成系统切换，自动切换开关的选用自动转换开关电器（ATSE）是由一个（或几个）转换开关电器和其他必需的电器组成，用于监测电源、并将电路从一个或几个负载电路从一个电源自动转换至另一个电源的电器。

ATSE 可分为 PC 级和 CB 级两个级别。PC 级 A1SE 可分为由转换开关、电机操作机构或电磁操作机构、转换控制器、联锁机构组成的 PC 级 ATSE 和由无短路保护的断路器、电动操作机构、转换控制器、联锁机构组成的 PC 级 ATSE 两种形式。CB 级 ATSE 是由断路器、电机操作机构或电磁操作机构、转换控制器、联锁机构组成。目前用户中已大量使用智能型双电源自动切换开关，对防止误操作、提高供电可靠性起到了一定作用。目前用户中常用的系列智能型双电源自动切换开关有以下几类。分别是 RWQ4 系列智能型双电源自动切换开关（PC 级）和 JXQ5 系列自动转换开关。

二、基于微波辐射的安全管控系统理论介绍

1. 微波的定义

微波是一种电磁波，它同高频电磁波一样是经电磁振荡电路中的电场与磁场能量的周期性变化而产生的，微波辐射通常是指频率在 $300\sim300000MHz$ 波长在 $1m$ 以下的电磁波。按其波长微波可划分为分米波、厘米波和毫米波。市场上几乎所有无极紫外灯都是微波激发型的，长时间在微波状态下工作对人体有很大的伤害。

2. 微波特点

微波辐射特点如下：

（1）微波与红外线相对，是物体低温条件下的重要辐射特性，温度越低，微波辐射越强。

（2）微波辐射的强度比红外辐射的强度弱得多，需要经过处理才能够使用接收器接收。

（3）在遥感技术运用中，不同地物间的微波辐射差异较红外辐射差异更大，因此微波可以帮助识别在可见光与红外波段难以识别的事物。

（4）微波的频率为 300MHz～300GHz，它位于电磁波波谱的红外辐射光波和无线电波之间，因而只能激发分子的转动能级跃迁。

日常生活中微波辐射数值如下：

（1）手机辐射：未接听（响铃时）50～70μW/cm^2，接听时 1～3μW/cm^2。

（2）微波炉：正面观察窗 350＋μW/cm^2。

（3）电脑：基本为 0，WiFi 接收器 10～30μW/cm^2。

3. 热声成像

热声效应实际上是依据热传导方程和波动方程的一种能量转换过程，热声信号的产生，不仅与微波源有关，还与被测物质的热力学和电磁学特性有关。因此，利用微波热声技术对生物组织进行成像，需掌握其辐射空间分布是精确判断能量与效应之间的关系的前提。与光声成像技术相比，热声信号主要来源于生物组织对微波吸收的差异，如果检测物体足够小，将其近似为点声源，各点源的吸收系数近似相等，则热声信号强度就由微波辐射场的能量分布决定。因此，通过测量微波热声信号的点源强度分布，能够间接测量脉冲微波辐射场的能量密度分布。热声成像图像重建的实质是利用接收到的超声波信号重建生物组织对电磁波吸收的分布。目前实验系统多采用单超声波传感器运动或超声波传感器阵列技术进行热声信号采集，由于微波辐射场的不均匀性，成像效果差、伪影严重是目前国内外研究小组面临的主要问题。因此，迫切需要一种稳定、精确的脉冲微波辐射空间能量密度测方法，克服由于能量密度分布不均导致的图像重构误差，进一步提高热声成像的精度。

4. 红外监控安全管控系统介绍

基本原理是：在原有围栏的基础上增加了红外对射装置，一端由发射装置发射红外线，形成红外警戒线。当外来人员触碰红外警戒线，将会由单片机程序化触发报警装置，远控切断电源，启动手机短信提醒，对现场安全情况进行无纸化和痕迹化记录，同时启动现场视频监控装置，对现场情况进行实时的监控，与运维单位的图像监控系统实现联动，通过移动终端依托通信技术，实现实时场景现场交互功能。

三、聚乙烯绝缘材料介绍

聚乙烯是聚烯烃家族结构最简单的聚合物，单体是 22-CH-CH-，聚合度可达数十万，是一种长链的热塑性碳氢化合物分子结构。聚乙烯主链之外还有侧链，侧链参数将影响聚乙烯的密度、洁净度和机械性能等。在受热和应力作用时，聚乙烯分子链之间容易发生滑动，所以聚乙烯抗热变形能力弱，并且耐环境应力开裂性差，工作温度较低，在热塑性状态下，最高工作温度是 75℃。利用交联剂使聚乙烯分子相互交联形成三维网状结构，大分子链之间形成化学共价键取代原来的范德华力。聚乙烯经交联后耐热性明显提高，XLPE 电缆的长期允许工作温度可达 90℃，同时，XLPE 的物理力学性能也得到提高。工业上利用过氧化二异丙苯（DCP）高温下氧原子间键断裂，形成自由基，聚乙烯链上的 H 原子与自由基置换，不同的聚乙烯分子的自由基键合形成交联点，但是会产生乙酰苯、枯基醇和甲烷等交联副产物，降低了 XLPE 的电气性能，通常需后处理除去副产物。

纳米复合电介质材料是指将一定量的尺度在 1～100nm 的无机颗粒均匀分散到聚合物基体中形成的复合材料。在电介质与电气绝缘领域，"纳米电介质"的概念是由 T. J. Lewis 于1994 年率先提出的，其阐述了纳米材料在工程电介质绝缘领域中的应用前景，并阐述了"纳米尺度电介质"的理论基础和发展前景，为纳米电介质的后续研究提供了重要的理论支持。2002 年，J. K. Nelson 等报道了纳米电介质在介电性能和空间电荷抑制作用等方面表现出异于传统微米复合电介质的优势，纳米电介质逐渐成为国内外电气绝缘领域的研究热点之一。

目前的研究表明，纳米复合电介质在电树枝老化、空间电荷、局部放电、击穿强度、介质损耗、直流电导等诸多方面都具有优异的性质。与未掺杂纳米颗粒或掺杂了微米颗粒的电介质相比，纳米电介质的击穿强度、耐局部放电、耐电晕、耐电树枝老化、沿面闪络、空间电荷等介电性能得到了不同程度的改善。聚合物材料中纳米颗粒的添加对电导率和空间电荷的改善会进一步影响材料的击穿特性，提高绝缘材料的击穿强度。

第三节　变压器高压试验集成车框架组成

一、变压器集成试验车的设计思路

针对实际工作中突出的问题，预设计研发变压器高压试验集成车，在研制过程中的总体思路如下：

一是研制测试引线，采用一种绝缘拖地试验电缆引线取代传统多种测试线分别架空引至变压器上部的试验方法，解决了变更试验接线必须在变压器上部进行的问题，消除了试验人员多次攀爬变压器套管易发生高摔的风险。

二是研制放置仪器的专用程控式集成试验台，满足标准化作业要求。改变人工转换仪器试验接线，采用程控切换技术将各仪器在试验开始前一次接好，根据需要自动切换，取代传统的人工变更，解决了仪器转换过程中人员误触电和接错线的问题。

三是利用专家系统控制试验平台，智能分析试验数据。

四是采用声、光、电报警等科技手段提高现场安全管控水平。

五是采用试验电源双重闭锁，保证试验人员的安全操作。

变压器高压试验集成车研发涉及可拖地式试验电缆研制、程控式集成试验台、试验仪器接线自动切换技术研究、试验现场安全控制新装置、试验数据专家系统等内容。

在以上思路指引下，确定变压器高压试验集成车的技术路线。

1. 技术路线

利用电气试验、自动控制、电力电子、绝缘结构设计等领域的成熟技术，对试验仪器、试验接线、试验车辆进行集成，提高现场试验操作的自动化水平，简化试验流程。同时，将试验项目的自动切换技术外延，使其与安全提示相同步，以实现安全警示的自动化；将键盘操作与无线控制相结合，以实现多重、有效的安全闭锁。

设计方案中部分系统功能如远方遥控、项目自动切换功能涉及相关电力电子、自动控制等专业技术，为此，可根据不同功能部分的技术特点和研制难度，分阶段完成主变下部接线转换、试验项目切换、显示等功能模块的研制，然后再将各功能模块组建成系统装置。

在关键性试验装置研制成功后，基本消除变压器试验中在上部的变更接线环节，试验中主变上部无需再留人。随后实现以上试验装置的车载化，将主要功能模块和试验装置集成到试验车辆上，形成具备高度自动化、高度机动性的变压器高压试验集成车。

最后在多个变电站试验现场对变压器高压试验集成车进行操作验证，采用传统方法和该车进行多次对比试验，比较试验结果，确认采用新系统所测试验数据准确无误。

2. 系统基本原理

变压器高压试验集成车的原理如图 1-1-6 所示。系统包括试验台台体、CPU、操作键盘、液晶显示屏、开关控制电路和试验接线切换电路；操作键盘接 CPU 的相应输入端，CPU 的一路输出端接开关控制电路的输入端，其另一路输出端接液晶显示屏，开关控制电路的输出端接试验接线切换电路的控制端；变压器绕组出线端子经试验接线切换电路连接接各测试仪的接线端子。

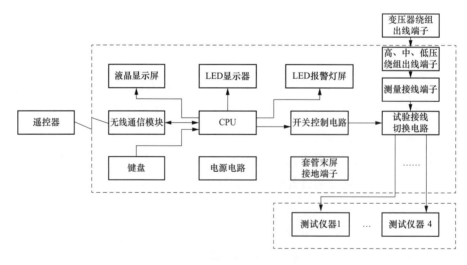

图 1-1-6   变压器高压试验集成车原理图

CPU 可接收操作键盘或遥控器的操作信号，通过开关控制电路对试验接线切换电路进行自动控制，再由试验接线切换电路对不同的试验仪器接线进行快速选择，从而自动完成对试验接线的快速转换。

为快速完成对数只变压器高压套管的介质损耗角试验，系统具备套管末屏接地端子，以便于对套管末屏接线的快速连接和安全接地。

此外，高压试验专用车还具备无线通信模块、遥控器、LED 显示器和 LED 报警灯屏，可实现安全闭锁、安全警示等功能。

二、变压器高压试验集成车的主要创新点介绍

1. 主要创新点

（1）研制拖地试验电缆，一根测试线代替多种测试线。拖地试验电缆采用高压绝缘屏蔽技术，工作电压 10kV，4 根电压线，4 根电流线，1 根屏蔽线，可用于多种试验项目。在对变压器及附件的技术参数进行现场测试时，采用它将主变上部接线操作转移至地面进行，代替了变压器上部变更接线人员；仅用一套测试线完成变压器绝缘电阻、介质损耗、泄漏电流、直流电阻、变比、低压阻抗、有载开关测试等项目。

（2）研制程控切换装置，试验仪器间自动切换。基于单片机和矩阵切换技术，研制了程控式切换装置，各仪器在试验开始前一次接好，根据需要自动切换，实现试验仪器的自动切换，工作过程中无须变更仪器侧接线。直阻测试可以切换绕组相别，并具有彩色液晶显示。

（3）研制高压接线面板，主变上部变更接线由"高空"转移到"地面"。高压接线面板采用聚四氟乙烯材料，它具有良好的绝缘性能和极低的介质损耗，高压试验插入损耗可以忽略。在高压接线面板上可以完成绝缘电阻、介质损耗、直流电阻、变比等试验项目的接线。

（4）研制试验台台体，高度集成的试验装置。试验台台体将试验仪器、电源系统、自动控制系统全部内置于紧凑箱体中，实现小型化运输、车载式操作。

（5）开发软件系统，全新现场型专家数据库。试验数据专家系统对试验仪器无线控制和数据自动采集，系统软件集计算、换算、查询、统计等多功能于一体，还可根据超标试验数据、故障特征、设备形式，初步确定故障部位和程度，并提出相应的检修策略。

（6）研制新型安全警示装置，声光电的科技手段。提出在现场试验工作中增加设备加压警示、工作进度提示和误加压闭锁功能，研制了 LED 报警灯、LED 显示屏、试验电源无线安全遥控装置等新型安全装置。

2. 拖地试验电缆介绍

整合变压器特性试验、绝缘试验接线，研制适应变压器现场试验环境的可拖地试验电缆，一套测试线即可完成所有试验项目，并一次完成变压器三侧试验接线，将变更试验接线操作由"主变上部"改为"落地进行"，以消除系列试验中因反复变更主变上部接线产生的工作量和耗时，以达到缩短试验整体用时、减少试验用人、降低高摔风险的目的。新型试验线综合考虑试验电压水平、变压器外部尺寸、引线屏蔽方式、悬挂方式等因素，其

基本结构如图 1-1-7 和图 1-1-8 所示。

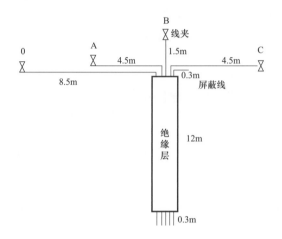

图 1-1-7　可拖地试验电缆原理图

图 1-1-8　可拖地电缆现场测量应用图

3. 程控式集成试验台介绍

该试验台的研制基于以下三项技术的研究。

（1）试验仪器接线自动切换技术。这部分内容需综合利用电气试验、自动控制、电力电子、绝缘结构设计等领域的成熟技术，将变压器侧试验引线自动切换至不同的试验仪器，以提高现场试验操作的自动化水平，简化试验流程，减少更换试验仪器及其接线的工作量及耗时，降低误操作及触电风险，如图 1-1-9 所示。

作为成果研究的核心内容，这一部分工作量及难度均较大，故先期建立试验接线自动切换装置、绝缘接线板、安全自检及闭锁、遥控装置、供电回路设计、操作界面设计等多个子问题，据此划分出几大功能模块，根据各模块技术特点和研制难度，分阶段研制，再将各功能模块组建成系统装置，根据集成化、通用化原则对系统及模块设计进行改进完善。

图 1-1-9　切换装置操作界面

（2）试验现场新型安全控制装置。将试验项目的自动切换技术外延，通过有线、无线接口将试验接线自动切换装置与外部电子安全警示牌连接起来，从而使外部电子安全警示牌同步显示试验项目、加压状态，提高安全警示装置的自动化水平及使用功效，降低现场安全管理难度。同时将键盘操作与无线控制相结合，以实现多重、有效的操作闭锁，如图 1-1-10 所示。

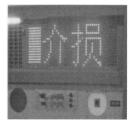

项目显示　　　　　　　监控界面　　　　　　　扩音装置　　　　　　　多重闭锁

图 1-1-10　现场新型安全控制装置

（3）绝缘接线面板。变压器侧的可拖地试验电缆与试验接线自动切换装置之间采用绝缘接线面板作为过渡连接装置。绝缘接线面板四周采用高强度零损耗绝缘板材，后部采用高强度绝缘板材构成的绝缘盒以满足变压器绝缘性能需要。其外观如图 1-1-11 所示。

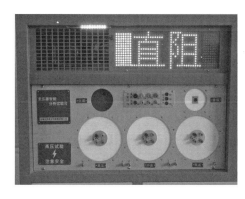

图 1-1-11　绝缘面板接线图

图 1-1-12 中高压接线、中压接线、低压接线面板分别与连接变压器高压侧、中压侧、

低压侧套管的可拖地试验电缆。可拖地试验电缆仪器侧接线端插接与对应的绝缘接线面板后，可使用带有通用插头的短路线进行短路或接地。

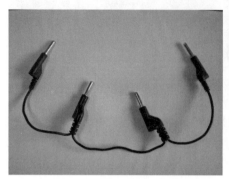

图 1-1-12   短路接地专用线

（4）箱体结构式试验台。在关键性试验装置研制成功后，综合考虑自动化试验装置与试验仪器、试验接线的配合方式，为试验仪器统一建立箱体式操作台。程控式集成试验台不仅集成了试验仪器、电源系统、调压装置、操控系统等，其还对试验用材料进行了定制管理，如接地线、试验接线、工器具、仪表等。采用一体化设计形成车载式试验箱结构，满足小型化运输、快速装卸的需要，如图 1-1-13 所示。

图 1-1-13   箱体结构式试验台

程控式集成试验台研制成功后，将有别于以往传统试验依次变更试验接线和更换仪器的方式，采用特制的各项目通用试验线，接好后不需变更接线，试验中主变上部无须再留人；同时，主变下部试验仪器及接线的倒换操作由人工变为自动，工作安全性和效率大大提高。此后又进行实际验证操作，证明主要装置的功能和可操作性。图 1-1-14 和图 1-1-15 为两种试验接线方法的对比效果图。

（5）试验仪器车载化。将所有需要的试验仪器车载化，便于日常工作的装卸车、便于解决试验仪器遗漏等问题，也优化了作业人员的工作环境，提升了现场工作效率。

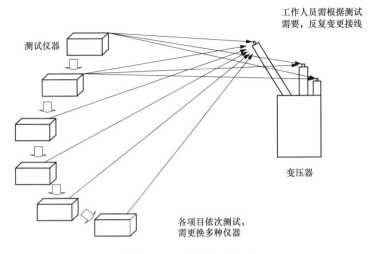

图 1-1-14　传统试验方法

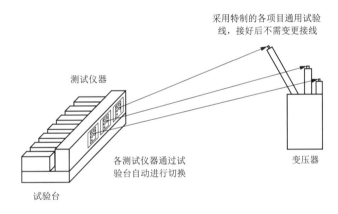

图 1-1-15　新试验方法

第四节　项目应用及推广实效

一、现场应用步骤

拖地电缆的应用，是提升现场工作效率，整合所有试验项目的前提，传统试验需要有多种仪器仪表的配合，多种试验接线的配合，需要多次上下，而变压器高压试验集成车的研制有效解决了以上困难，如图 1-1-16 所示。由于频响试验、铁芯绝缘和感应耐压局放试验与其他试验接线存在明显不同，如频响试验需要专用试验线，铁芯绝缘试验与套管关系不大，感应耐压局放试验的试验线也是专用加压线，因此仅考虑剩余试验项目，频响试验后，试验步骤如下。

（1）由变压器高处作业人员将试验接线连接到主变三侧套管接头，将试验线另一端放置试验车处，并进行短路连接。

（2）进行整体绝缘、整体介损电容量试验项目，两个项目交叉进行，即低-中高及地、中-高低及地，低-高中及地，（高中-低及地，高中低-低），试验过程中注意连接屏蔽线，以屏蔽测试线自身的电容量（一根约 200pC），以上项目的短路接地全部由下面操作人员用接地短路线进行（若需整体泄漏电流试验，则同步进行）。

（3）进行套管试验项目，将试验接线固定于高-中低的接线，即在地面通过短路接线实现，高压短路不接地，中低压短路接地，分别对高（中）压有末屏的主变套管进行套管介损及绝缘电阻试验。

（4）进行有载开关动作特性项目，按照第三步，将试验接线固定于高-中低的接线，动作有载开关，单-双，双-单，记录有载开关动作波形。

（5）进行低电压短路阻抗试验，通过地面操作拖地电缆试验线接头，试验高压分别接仪器 A、B、C、O，进行高-中短路阻抗试验时，中压短路不接地，低压打开，进行高-低短路阻抗试验时，低压短路不接地，中压打开，进行中-低短路阻抗试验时，低压短路不接地，高压打开。以上接地、短路、打开等操作，全部在地面实现。

进行直流电阻试验项目，对高压侧应对所有的接头进行试验，中低压分别进行直流电阻试验，由于接头是分相的，可进行单相测试、三相测试和助磁法测试，均可在地面利用接头的转换实现，如图 1-1-17 所示。

图 1-1-16　地面倒接线示意图　　　　图 1-1-17　高压绝缘面板接线图

若进行变比试验，可以在绝缘项目后和直流电阻前任意一个环节安排，即测量高对中压，中对低压的变比，测量时将测试两侧的接线接到测试仪器中，非测试端悬空即可，该项试验项目操作也在地面完成。

二、应用效果

本项研究经过在国网石家庄供电公司多个工作现场进行试用验证。经验证，使用本成果与传统的试验方法相比较，试验数据和结果完全一致，该成果的各项指标均达到了预期的效果。其积极效果如下：

1. 施工风险大幅降低

采用拖地试验电缆后，主变上部变更接线工作，由"高空"转移到"地面"，极大降低了高摔、触电的风险；仪器接线切换方式由"手工"转变为"自动"，试验过程中无须手工转换试验仪器接线，杜绝了操作人员触电、误接线的风险，同时大大降低劳动强度，如图 1-1-18 所示。

图 1-1-18　主变上部、下部变更接线对比图

安全显示装置、视频监控装置、语音提示装置以及升压安全闭锁等新型安全装置的应用，实现了现场工作的设备加压警示、工作进度提示和误加压闭锁功能，使得现场安全的管控水平得到进一步提升，如图 1-1-19 所示。

图 1-1-19　试验仪器人工、程控切换对比图

2. 工作效率成倍提高

由于不必反复上下套管，取消了变压器上部变更接线人员，自动切换试验接线，试验工作时间大幅缩短，试验人员数量减少一半；由于试验数据计算、分析时间的缩短，极大地提高了工作效率。效果数据对比分析如表 1-1-1 所示。

表 1-1-1   使用本成果前后效果对照表（以 220kV 主变例行试验为例）

类别	使用前	使用后
试验人数	6 人	3 人
试验时间	5h	2～2.5h
数据分析时间	0.5～1h	0.2～0.5h
前期工作准备时间	1h	0h
变更试验接线次数	39 次	11 次
主变上部变更接线次数	24 次	0 次
攀爬套管次数	23 次	2 次

3. 专业管理高效便捷

专家分析系统通过无线传输装置自动获取仪器测得的试验数据，自动完成数据的换算与历史数据的对比，无须设专人从事数据记录、计算。避免了人为换算介质损耗、直流电阻、绝缘电阻等测试值的误差，每次试验平均缩短 1～2h。同时专家系统为现场问题的分析判断，提供了良好辅助工具，试验结论更加客观、准确。

本系统具有强大的查询统计功能，可快速完成设备的各类统计，编制试验计划、生成工作报表，改变了过去人工翻查、汇总、编制的情况，以往每周 2～3h 完成的技术管理工作现只需 10min。

4. 检修质量显著提升

应用本成果后，杜绝了人员触电风险，基本实现了各专业的平行作业，使其他专业的有效作业时间得到了保障，保证安全的同时，提高了主变的检修质量。

5. 工作现场整齐规范

传统方法中，十几种试验仪器及各种试验线分散摊放在地面上，现场杂乱无序，安全风险可控度低。应用本系统后，仅需布置一套引线即可完成测试，现场整洁有序，安全易于把控，效果对比如图 1-1-20 所示。

图 1-1-20   现场布置效果对比图

本装置的应用直接大幅缩减了主变停运时间，减少了由于主变停运带来的负荷损失，减少了单主变运行时间，提高了供电可靠性。

第二章　超声波清洗技术在油化验领域的研究与应用

超声波在工业界有着良好的应用基础。因其对液体的空化作用、直进流作用及加速度作用，对附着于物体表面的污渍具有较强的粉碎、剥离效能，而广泛地应用于物体清洗领域。本章将通过超声波清洗技术发展的历程，重点剖析超声波清洗技术在油化验器皿清洗领域技术机理，阐述超声波油化验器皿自动洗瓶机结构及应用实效，在很大程度上解决传统清洗方式带来的技术弊端。

第一节　超声清洗技术发展历程

一、超声波的定义

超声波的"超"字是因为其频段下界超过人的听觉而来，但如果按波长角度来分析，实际上超声波的波长更短。科学上，我们把波长短于 2cm 的机械波称为"超声波"。超声波是一种波长极短的机械波，它必须依靠介质进行传播，无法存在于真空（如太空）中。它在水中传播距离比空气中远，但因其波长短，在空气中则极易损耗，容易散射，不如可听声和次声波传得远，不过波长短更易于获得各向异性的声能，可用于清洗、碎石、杀菌消毒等，在医学、工业上有很多的应用。

二、超声波清洗技术发展历程

1. 国际发展历程

相比于红外线和紫外线等光学方法，超声波的起步较晚，只有短短不到 100 年的历史。自 19 世纪末到 20 世纪初，在物理学上发现了压电效应与反压电效应之后，人们解决了利用电子学技术产生超声波的办法，从此迅速揭开了发展与推广超声技术的历史篇章。1922 年，首次提出超声波的定义，超声波成为一个全新的概念，德国出现了首例超声波治疗的发明专利，1939 年发表了有关超声波治疗取得临床效果的文献报道。20 世纪 40 年代末期，超声治疗在欧美兴起，直到 1949 年召开的第一次国际医学超声波学术会议上，才有了超声治疗方面的论文交流，为超声治疗学的发展奠定了基础。1956 年第二届国际超声医学学术会议上已有许多论文发表，超声治疗进入了实用成熟阶段。

2. 国内发展历程

国内在超声治疗领域起步稍晚，于 20 世纪 50 年代初才只有少数医院开展超声治疗工作，从 1950 年，首先在北京开始用 $430\mu m$ 波长的超声治疗机治疗多种疾病。至 50 年代开始逐步推广，并有了国产仪器，公开的文献报道始见于 1957 年。到了 70 年代有了多种国产超声治疗仪，超声疗法普及到全国各大型医院。40 多年来，全国各大医院已积累了相当数量的资料和比较丰富的临床经验。特别是 20 世纪 80 年代初出现的超声体外机械波碎石术和超声外科，成为结石症治疗史上的重大突破，如今已在国际范围内推广应用。高强度聚焦超声无创外科，已使超声治疗在当代医疗技术中占据重要位置。而在 21 世纪，超声聚焦外科（HIFU）已被誉为是 21 世纪治疗肿瘤的最新技术。

3. 超声波的发展应用基础

超声波因其独特的性质在日常生活中得到广泛的应用，尤其在检验科学、清洗、加湿器、工业自动化控制、除油、医学检查及食品加工等行业应用较为广泛。突出表现在以下几个方面。

（1）检验技术。超声波的波长比一般声波要短，具有较好的各向异性，而且能穿透不透明物质，这一特性已被用于超声波探伤和超声成像技术。超声成像是利用超声波呈现不透明物体内部形象的技术。把从换能器发出的超声波经声透镜聚焦在不透明试样上，从试样透出的超声波携带了被照部位的信息（如对机械波的反射、吸收和散射的能力），经声透镜汇聚在压电接收器上，所得电信号输入放大器，利用扫描系统可把不透明试样的形象显示在荧光屏上，上述装置称为超声显微镜。超声成像技术已在医疗检查方面获得普遍应用，在微电子器件制造业中用来对大规模集成电路进行检查，在材料科学中用来显示合金中不同组分的区域和晶粒间界等。声全息术是利用超声波的干涉原理记录和重现不透明物体的立体图像的声成像技术，其原理与光波的全息术基本相同，只是记录手段不同而已。用同一短波信号源激励两个放置在液体中的换能器，它们分别发射两束相干的超声波：一束透过被研究的物体后成为物波，另一束作为参考波。物波和参考波在液面上相干叠加形成声全息图，用激光束照射声全息图，再利用激光在声全息图上反射时产生的衍射效应而获得物体的重现像，通常用摄像机和电视机做实时观察。

（2）清洗技术。清洗的超声波应用原理是由超声波发生器发出的短波信号，通过换能器转换成短波机械波而传播到介质，超声波在清洗液中疏密相间地向前辐射，使液体流动而产生数以万计的微小气泡，当声强达到一定值时，存在于液体中的微小气泡（空化核），迅速增长，然后突然闭合，在气泡闭合时产生冲击波，在其周围产生上千个大气压力，破坏不溶性污物而使它们分散于清洗液中。当固体粒子被油污包裹而黏附在清洗件表面时，油被乳化后固体粒子即脱离，从而达到清洗件表面净化的目的。

（3）加湿器技术。在中国北方干燥的冬季，如果把超声波通入水罐中，机械波会使罐中的水破碎成许多小雾滴，再用小风扇把雾滴吹入室内，就可以增加室内空气湿度，这就是超声波加湿器的原理。如咽喉炎、气管炎等疾病，很难利用血流使药物到达患病的部位，利用加湿器的原理，把药液雾化，让病人吸入，能够提高疗效。在大功率情况下，利用超声波巨大的能量还可以使人体内的结石在机械波的作用下而破碎，从而减缓病痛，达到治愈的目的。超声波在医学方面，可以对物品进行杀菌消毒。

（4）除油技术。将黏附有油污的制件放在除油液中，并使除油过程处于一定波长的超声波场作用下的除油过程，称为超声波除油。引入超声波可以强化除油过程、缩短除油时间、提高除油质量、降低药品的消耗量，尤其对复杂外形零件、小型精密零件、表面有难除污物的零件及绝缘材料制成的零件有显著的除油效果，可以省去费时的手工劳动，并可防止零件的损伤。超声波除油的效果与零件的形状、尺寸、表面油污性质、溶液成分、零件的放置位置等有关，因此，最佳的超声波除油工艺要通过试验确定。超声波除油所用的波长一般为 1.1cm 左右。零件小时，采用短一些的波长；零件大时，采用较长的波长。超声波波长短，几乎只能直线传播，而难以衍射，所以难以达到被遮蔽的部分。因此，应该使零件在除油槽内旋转或翻动，以使其表面上各个部位都能得到超声波的辐射，得到较好的除油效果。另外超声波除油溶液的浓度和温度要比相应的油渍低，以免影响超声波的传播，也可减少金属材料表面的腐蚀。

（5）医学检查技术。医学超声波检查的工作原理是将超声波发射到人体内，当它在体内遇到界面时会发生反射及折射，并且在人体组织中可能被吸收而衰减，因为人体各种组织的形态与结构是不相同的，因此其反射与折射以及吸收超声波的程度也就不同。医生们正是通过仪器所反映出的波形、曲线或影像的特征来辨别它们。此外，再结合解剖学知识，正常与病理的改变，便可诊断所检查的器官是否存在病症。

（6）工业自动化控制技术。利用机械波反射、衍射、多普勒效应，制造超声波物位计、超声波液位计、超声波流量计等。

（7）超声波对酒的醇化—催陈技术。一瓶美酒一般都酒味醇厚，绵软柔和、芳香浓郁，人们常用陈年老酒来形容酒的珍贵。一瓶 20 世纪的陈酒，标价几万元，其价格的含义在于时间的存放上。酒的主要控制因素是化学变化即酸的形成，并进一步酯化，酯参与乙醇和水的缔合。刚出厂的酒含有戊醇，有辛辣味，这种气味要经过很长时间才能化解，这个缓慢变化称酒的醇化。用功率 1.6kW，波长 1.56~1.96cm 的超声波处理 5~10min，可使酒的老熟时间缩短 1/3 到 1/2。

第二节　超声波清洗技术原理

利用超声波进行清洗，已经是工业、餐饮、医疗行业的成熟技术。究其原理是利用超声波在液体中的空化、加速度及直进流效应对液体和污物直接、间接的作用，使污物层被分散、乳化、剥离而达到清洗目的。

一、空化作用

空化作用是超声波以每秒两万次以上的压缩力和减压力交互性的高频变换方式向液体

进行透射的一种形式。当减压力作用时，液体在减压力作用下产生真空核群泡群，在压缩力作用下，真空核群泡受压力压碎时产生强大的冲击力，物体表面的污渍在此压力下被压迫冲击，产生剥离污垢效能，从而达到精密洗净目的。

在超声波清洗过程中，肉眼可见的泡群并非真空核群泡，而是液体震动引起的空气气泡群，它对空化作用会产生一定的抑制作用，从而降低清洗的效率。因此，清洗过程中应尽量避免产生较多的空气气泡群或将液体中产生的空气气泡群完全脱走，空化作用的真空核群泡才能达到最佳效果。

二、直进流作用

直进流作用是超声波在液体中沿声的传播方向产生流动的现象。声波强度在 $0.5W/cm^2$ 时，肉眼能看到直进流，垂直于振动面产生流动，流速约为 $10cm/s$。通过此直进流使被清洗物表面的微油污垢被搅拌，污垢表面的清洗液也产生对流，溶解污物的溶解液与新液混合，使溶解速度加快，对污物的搬运起着很大的作用。

三、加速度作用

超声波作用于液体时的加速度作用主要表现为：液体粒子在超声波作用下被推动而产生的加速度。对于频率较高的超声波清洗机，空化作用就很不显著了，这时的清洗主要靠液体粒子在超声作用下的较大加速度，液体粒子在运动过程中撞击物体表面的污渍，从而达到对污物进行超精密清洗的目的。

第三节   超声波清洗技术在油化验领域的研究

一、诞生历程

电力系统油化验工作人员作为电力设备的"血液医生"，主要负责电气设备用油的采取和化验分析工作。因此，日常工作中会使用、清洗大量的油样瓶、注射器、锥形瓶等玻璃器皿。多年来，电力设备用油取样化验器皿一直采用着人工手洗的方式。随着"状态检修"的深入开展，电力设备用油的取样越来越频繁，油样瓶使用数量越来越多，人工清洗所带来的问题更加突出。主要体现在：

一是工作效率低：需要使用毛刷经过沸水、洗涤剂、自来水、蒸馏水等 6 个步骤，占去三分之一的工作时间，费时费力；

二是洗涤质量不佳：采用毛刷清洗，存在洗涤死角，洁净度无法达到标准要求；

三是不符合节约、环保理念：对于部分特殊形状试验器皿，无法清洗，一般均为一次性使用，造成极大浪费，且人工清洗耗费大量的清水和蒸馏水，排放的洗涤污水也会污染环境；

四是工作安全有隐患：经常接触各种洗涤剂等有害化学试剂以及玻璃器皿损坏时造成人员伤害，具有一定的危险性。

为将化验人员从繁重的清洗工作中得以"解脱"，同时保证油样瓶的清洗质量，有必要研究一种自动清洗设备，解决这一问题。近年来，国内也出现了油样瓶清洗设备，这种设备主要采用压力水枪对油样瓶进行冲刷。由于采用简单的冲刷清洗方式，洁净度难以达到要求，同时喷头为固定式，清洗具有死角。2012 年经过长期的钻研与坚持，基于机械毛刷结构的"全自动玻璃器皿洗瓶机"诞生，它实现了由人工毛刷洗涤到机器洗涤的转变，改变了过去几十年的传统做法。2013 年经过多次的探索与改进，基于超声波技术的无刷"超声波油样瓶自动清洗机"研发成功，实现了由机械洗涤到超声波洗涤的又一次技术前沿革命，也使得超声波技术在化学洗涤领域得到了更加广泛的应用，图 1-2-1 为超声波清洗技术研发思路。

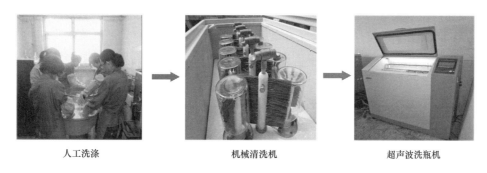

人工洗涤　　　　　　　机械清洗机　　　　　　　超声波洗瓶机

图 1-2-1　超声波清洗技术研发思路

利用超声波技术实现油化验器皿的高效清洗关键在于研究超声波对变压器油进行乳化和分离的机理，结合自动化控制技术，实现自动化清洗与超声波清洗的有效结合。洁净度作为判定实用效果的根本依据，只有达到洁净度标准要求，且同时满足全自动清洗设计，才能真正取代人工清洗。

（1）理论研究：通过研究超声波对变压器油进行乳化和分离的机理，合理配置超声波换能器技术参数（包括换能器共振频率、声功率、激励功率等）。通过合理配置参数，获得最高效率，达到节能高效的目的。

（2）现场试验：根据研究结果设计样机，进行调试。通过配置不同的超声波参数，清洗剂配比、清洗剂温度、冲洗时间、流量、压力等参数，进行洗净度及能耗对比计算，做出能效曲线，最终确定超声波换能器、清新剂、清洗时间等参数。

（3）试验过程：制作超声波清洗槽，配置不同参数超声波换能器，在不同功率下，对油样瓶进行清洗，取得洁净度参数。再对不同清洗剂配方在不同温度下进行清洗，取得洁净度数据。通过试验取得数据后，选定最佳参数。制作自动化清洗样机进行自动运行试验，并验证以上试验结果参数。

二、各部件结构及功能设计

超声波油化验器皿高效清洗装置的设计需要考虑人工清洗的各环节自动化，用自动化控制系统模拟人工清洗的多步骤作业，效率更高、更安全。因此，在设计超声波油化验器皿高效清洗装置时，充分考虑并设计了超声波清洗装置、清洗槽、载瓶旋转冲洗框、瓶体喷淋装置、自动供水装置、蒸馏水箱、自来水箱、洗涤剂水箱、污水回收装置、恒温加热装置以及自动控制系统，实现各类型油化验器皿的高效清洗。

1. 超声波震荡 "无刷" 清洗装置

目前，国内没有将超声波震荡洗涤技术引入油样器皿清洗的先例，存在的只是单纯利用高压水枪产生的冲击力进行清洗的简易装置。此方法对于一些较易冲洗、冲洗面单一的物体尚可有效，但对于一些油渍类、冲洗面较多的物体，该方法应用受到一定的限制。将超声波清洗技术应用于油化验领域的过程中，最大的难点在于油污的清除难度远超过其他污渍，超声震荡功率、频率、洗涤温度、喷淋压力选择，以及洗涤温度、时间、洗涤溶液的配比等，这些参数的选择直接决定着最终的洗涤效果。本研究成果是首次将超声波震荡洗涤技术引入油样器皿清洗工作中，充分利用超声波良好的穿透、粉碎、剥离污渍的效能，实现油化验器皿的"无刷"洗涤，同时解决了特殊外形器皿无法洗涤的问题，填补了该技术在油化验器皿洗涤领域的空白。

利用超声波进行油化验器皿的高效清洗是该技术的核心。研发适用于油样器皿清洗的超声波震荡"无刷"清洗系统，通过超声波在清洗液中产生的空化、直进流与加速度作用，使清洗液与污物间产生相互作用，进而使得污物层被真空核泡群剥离，从而达到清洗目的。适用于油样器皿清洗的超声波震荡"无刷"清洗系统由超声波震荡器、振子、振板三部分构成。通过研究超声波对电力设备用油进行乳化和分离的机理，合理配置超声波换能器技术参数（包括换能器共振频率、声功率、激励功率等），以获得对油样器皿的最高清洗效率，超声波震荡示意如图 1-2-2 所示。

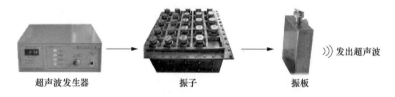

图 1-2-2　超声波震荡示意图

超声波"震荡"无刷清洗装置由超声波发生器、与超声波发生器相连接的振板以及设置于振板内的超声波振子组成。超声波振板设置于清洗槽底部加热棒一旁，超声波振子焊接固定于振板内部，超声波发生器的输出回路通过电缆连接至振板内部的超声波振子。洗涤过程中，依靠振板所产生的高频震荡波代替毛刷的旋转摩擦，实现玻璃器皿的无刷清洗。清洗槽内的清洗液在空化作用下，以每秒两万次以上的压缩力和减压力交互性高频变换方式向液体进行透射，在减压力作用时，液体中产生真空核群泡的现象，在压缩力作用时，真空核群泡受压力压碎时产生强大的冲击力，由此可将试验器皿死角的污垢打散、剥离，实现强力清洗效果。

根据研究结果设计样机，进行反复调试：通过配置不同的超声波参数，清洗剂配比、清洗剂温度、冲洗时间、流量、压力等参数，进行洁净度及能耗对比计算，做出能效曲线，如图 1-2-3 所示。并综合考虑装置外形尺寸、成本损耗，最终确定超声波震荡功率 1100W、振荡频率 28kHz 为最佳效能点。在此状态下，超声波清洗可在最短的时间用最低的成本实现最佳的清洗效果。较以往相比，其洗涤效率高且无死角，并首次实现了对各类特殊形状玻璃器皿的高效洗涤，完成了由人工清洗模式向自动化机械替代的技术革新。

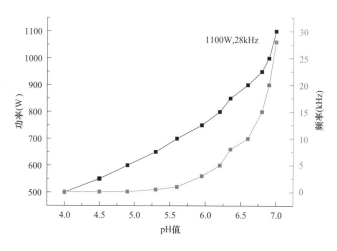

图 1-2-3　超声波清洗效能曲线

2. 载瓶旋转冲洗框

载瓶旋转冲洗框采用焊网转框结构，由不锈钢丝焊接成型。油化验玻璃器皿通过载笼固定在转框内，器皿瓶口与转框内高压喷头对接，框体在中心旋转支架带动下 360°旋转，液体管路中高频清洗液通过高压喷头向瓶体喷淋，这样就形成了一种边旋转、边喷淋的洗涤装置。打破原有"转刷"洗涤模式，完成清洗过程由"转刷"向"转瓶"的技术革新。

载瓶旋转冲洗框由内置水路通道的清洗篮转框、嵌置于清洗篮转框内的载笼以及设置于清洗篮转框进水端的水封组成。清洗篮转框由内喷头载板、对称设置于内喷头载板横向侧边的载笼限位杆以及对称设置于内喷头载板纵向侧边的电机旋转定位连接板和水路旋转定位连接板组成，如图 1-2-4 所示。载笼限位杆端部设置有载笼限位卡，保证清洗篮转框内的载笼在电机驱动下做 360°旋转时，轴向不会产生相对运动，进而减少瓶体冲洗时的相对运动位移，避免在清洗过程中瓶体的损坏。清洗篮转框主要作为油化验玻璃器皿的承接载体，为载笼及水封的依附提供基础。

360°旋转

可拆卸清洗篮   外清洗喷头   内清洗喷头   旋转支架

图 1-2-4   转框式载瓶装置

　　嵌置于清洗篮转框内的载笼为不锈钢丝焊网结构，焊网结构设计独特，可对玻璃器件快速固定。针对不同形状的试验器皿设计了多种可拆卸载笼，适用范围包括锥形瓶、广口瓶、注射器、烧杯等 12 种玻璃器皿，结构如图 1-2-5 所示。清洗开始前，一次性将不同试验器皿放入对应的载笼中，卡扣设计使得拆卸过程省时省力，从根本上革新了原有用螺丝固定瓶口的方式，避免固定过程中用力不均造成的瓶体损坏及特殊器皿无法固定清洗的问题，整个过程安全、高效、可靠。

图 1-2-5   可拆卸清洗篮结构图

　　该装置在使用时，将装有试验器皿的载笼固定在清洗篮转框内，并将顶盖扣紧锁死。利用电机带动旋转支架 360°旋转，转框内瓶体也随之转动。利用内、外部喷头对其进行喷淋，实现从里到外、从上到下的 360°全方位无死角清洗。如图 1-2-6 所示，旋转支架转动的同时，外部喷头向下喷淋，对试验器皿外壁进行全方位冲洗；内部喷头冲洗试验器皿内壁，通过旋转时瓶口朝下将污水顺利排出，反复多次达到清洗要求。较原有固定瓶体位置、"转刷"洗涤方式，"转框"式清洗方式更有利于液体流动、污渍剥离，加强了清洗效果，提升了清洗质量，达到了玻璃器皿全方位无死角的洁净清洗。

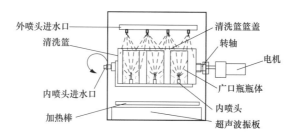

图 1-2-6　转框式载瓶装置工作原理示意图

3. 瓶体喷淋装置

瓶体喷淋装置由内喷淋装置和外喷淋装置组成，内喷淋装置由设置于内喷头载板上的 24 个内喷头与内喷头载板组成，内喷头与内喷头载板内的水路通道相连通。内喷头载板上并行设置有 2~10 组内喷头子载板，邻近的内喷头子载板之间设置有漏水间隙。外喷淋装置由设置于清洗槽上端的外喷头载板以及设置于外喷头载板上的 10 个外喷头组成，外喷头与外喷头载板内的水路通道相连通。

喷淋装置采用小孔结构，内、外雾状喷淋，用水少；高压水泵性能可靠，喷头喷射速度高，去油除垢效果好。以往采用自来水冲洗压力仅为 0.15MPa，难以冲掉瓶壁污渍。经反复测试，将小口径高压喷头的压强设计为 0.3MPa，在增强去污能力的同时实现了减少机械部件损耗、避免喷口堵塞、降低用水量、减轻噪声。其中 24 个内部喷头平均分布于清洗篮转框上的 3 排输水管上，分别探入清洗篮转框所装载的 20 余只玻璃器皿的瓶口内，随框体转动。10 个外部喷头固定设置在清洗槽顶端。当瓶体转动时，自动供水系统向外喷淋装置及清洗篮转框上的内喷头提供高压清洗液，对玻璃器皿内壁、外壁同时进行冲洗，实现无死角清洗效果，内、外喷淋装置结构如图 1-2-7 所示。

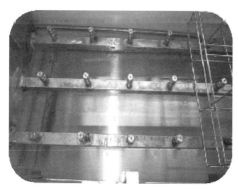
内部喷淋装置

外部喷淋装置

图 1-2-7　内、外喷淋装置结构图

4. 多种液体清洗箱

为了更好地达到油化验玻璃器皿的高清洁度目的，在设计过程中采用了自来水箱、洗涤剂水箱、蒸馏水箱的设计，来模仿人工清洗的操作流程：自来水进行开始前的简易冲洗，运用洗涤剂进行油污的彻底清洗，自来水再进行洗涤剂清洗后的冲洗，最后用蒸馏水进行去离子冲洗，以此保证油化验器皿的清洗质量。设计如图 1-2-8 所示。

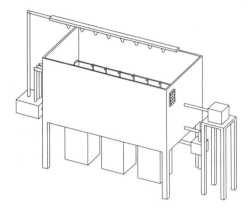

图 1-2-8　多种液体清洗箱结构图

考虑油化验玻璃器皿清洗装置的自重、尺寸及溶液的化学性质需求，液体清洗箱采用高密度、耐热、耐腐蚀、轻薄的绝缘材料制成，可容纳 50L 液体溶剂，装满后一次性可满足 7 次全过程清洗。

5. 自动供水装置

自动供水装置与自动控制控制系统、多种液体管路、控制水路通断的电磁阀及水封协调配合使用，在自动控制系统的控制下，通过电磁阀的通断控制各种液体管路的不同需求供给，进而达到自动清洗的目的。

从结构上来看，自动供水装置的输入端分别与蒸馏水箱、自来水箱、洗涤剂溶液箱相连接，自动供水装置的输出端与内喷淋装置和外喷淋装置相连接，自动供水装置由水泵以及第一电磁阀、第二电磁阀、第三电磁阀、第四电磁阀、第五电磁阀、第六电磁阀、第七电磁阀组成，水泵通过第一电磁阀、第二电磁阀、第三电磁阀分别经水封与内喷头载板相连通，来控制瓶体内部的不同液体清洗作业；水泵通过第四电磁阀与外喷头载板相连通，来控制瓶体外部的不同液体清洗作业；水泵通过第五电磁阀与蒸馏水箱相连通，通过第六电磁阀与自来水箱相连通，通过第七电磁阀与洗涤剂溶液箱相连通，通过五、六、七三个电磁阀实现对冲洗过程中不同液体的提取，结构如图 1-2-9 所示。

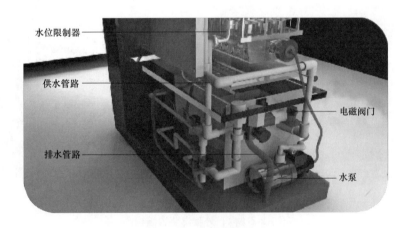

水位限制器

供水管路

排水管路

电磁阀门

水泵

图 1-2-9　自动供水装置

从控制策略上来看，自动供水装置受自动控制系统的指令作业，按照控制系统程序设定，自动完成由自来水冲洗、洗涤剂清洗、蒸馏水去离子清洗的过程，为油化验器皿清洗过程的机械替代奠定了实现基础。

6. 污水回收装置

供水管路装置根据预设洗涤程序，通过高压水泵实现清洗过程中对自来水、洗涤剂及蒸馏水的多次交替供给。洗涤过程中需要大量的洗涤液及水资源，洗涤液多为含有有害物质的化学试剂，直接排放将对环境造成一定的危害，且洗涤液成本较高，如能实现洗涤液的循环利用，将能实现节能与环保的双赢。为此，该装置设计回收系统，对洗涤剂进行回收再利用，使最上层油污通过排水管路排放，实现节能、减排、降污效能。

污水回收装置由油水分离器、废液进水管、第八电磁阀、第九电磁阀以及排水管组成。油水分离器和排水管均通过废液进水管与清洗槽相连通，油水分离器的两支出水管分别与洗涤剂溶液箱、排水管相连接，油水分离器与废液进水管之间设置有第八电磁阀，废液进水管与排水管之间设置有第九电磁。工作原理是利用溶液密度差原理，静置后清洗后的油污层将与清洗液层产生明显的分离，此时控制开启废液进水管与排水管间的第九电磁阀，将上层油污排至清洗装置外专门存放油污废液的容器内，在达到回收上限时限位开关自动启动，控制关闭第九电磁阀，同时打开第八电磁阀，将清洗槽内剩余的清洗液回收至洗涤剂箱内。污水回收装置结构如图 1-2-10 所示。

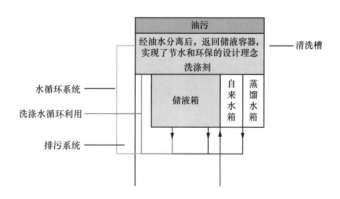

图 1-2-10　污水回收装置结构

3 列内喷头受自动控制系统控制，采用交替喷淋的方式进行油化验玻璃器皿的清洗，在喷淋过程中对洗涤剂溶液进行循环利用，从而缩小了洗涤剂溶液箱体积，减少了洗涤剂用量。污水回收装置在排出污水的过程中，选择性地排出顶层浮油，保留大部分洗涤剂溶液，从而进一步减少循环洗涤中的洗涤剂用量。洗涤剂的循环利用降低了洗涤成本，减少了废水排放。

7. 恒温加热装置

温度作为影响清洗质量的一个重要因素，是超声波油化验器皿清洗装置设计考虑的一个必要条件。通过清洗效能曲线可以看出，当清洗液温度在 60～70℃温度条件下，油污去除效果最佳，同时又不容易造成设备有机材料的过度老化。恒温加热装置由设置于清洗槽底部的加热棒、设置于蒸馏水箱内的加热器、设置于自来水箱内的加热器以及设置于洗涤剂箱内的加热器组成。恒温加热装置受自动控制系统的作用，清洗开始前，将自来水、洗涤液、蒸馏水温度加热至系统设定温度，为清洗作业做好准备。

8. 自动控制系统

自动控制系统作为整个清洗装置的核心与大脑，支配各结构部件灵活动作、相互配合，协调完成整个清洗工序的有序活动。自动控制系统是整个清洗过程的连接枢纽，起着由人工清洗向自动化作业过渡的关键作用。油化验清洗装置自动控制系统由控制面板、开关控制电路以及接触器触发电路组成。

（1）控制面板。控制面板作为人机互动的界面，是人向机器发出操作指令的终端。实践证明，若要达到最佳的超声波洗涤效果，必须配以合适的水温、水压、洗涤剂浓度、洗涤时间、次数。因此，该系统设计时包含了温度、时间、剂量、次数四个参量的控制，并设计了直观简洁的智能操作面板，将洗涤流程分为自动模式和手动模式两类。在自动模式下，在触摸界面中灵活选择轻油垢、标准、重油垢三种预设洗涤模式，还可以根据实际情况对每一个清洗过程进行调节设定；在手动模式下，根据所清洗试验器皿的形状、大小、数量、脏污程度的不同，可进行逐项调整，设定温度的高低、时间的长短、次数的多少等各项参数。洗涤程序设定完成后，按下启动键，即可全自动完成清洗操作流程。操作控制界面如图 1-2-11 所示。

图 1-2-11　操作控制界面图

（2）开关控制电路。开关控制电路由单片机、继电器控制电路以及接触器控制电路组成。

1）单片机。本装置采用 STC12C5A60S2 型单片机，STC12C5A60S2 系列单片机是宏晶科技生产的单时钟/机器周期（1T）的单片机。它是高速、低功耗、超强抗干扰的新一代 8051 单片机，指令代码完全兼容传统 8051，但速度快 8～12 倍。内部集成 MAX810 专用复位电路，2 路 PWM，8 路高速 10 位 A/D 转换（250K/S），特别适合本装置所用电机控制及强干扰场合，示意图如图 1-2-12 所示。

本发明洗涤全过程受单片机 CPU 的自动控制。单片机 CPU 接受控制面板的操作指令，控制面板接收系统状态信息并予以显示。单片机 CPU 以高电平控制信号的方式向开关控制电路发出操作指令，开关控制电路再将单片机 CPU 发出的高电平控制信号转换为高电压控制信号，实现对继电器操作电路进行投切操作控制。

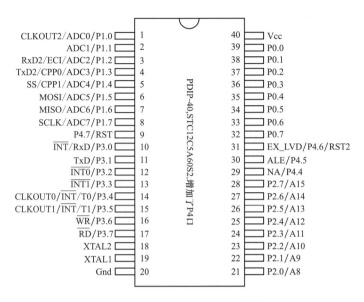

图 1-2-12　STC12C5A60S2 型单片机

2）继电器控制电路。继电器控制电路由并联的 17 路结构相同的继电器控制支路组成，其中每一路继电器控制支路由电阻 R1～R3、晶体管 VT1～VT2、光电耦合器 GD1、继电器 CJ1 组成，晶体管 VT1 的基极经电阻 R1 接 CPU 的相应输出端，晶体管 VT1 的发射极接地，光电耦合器 GD1 的 1 脚经电阻 R2 接地，光电耦合器 GD1 的 2 脚接晶体管 VT1 的集电极，光电耦合器 GD1 的 3 脚经电阻 R3 接晶体管 VT2 的基极，光电耦合器 GD1 的 4 脚接＋12V，晶体管 VT2 的集电极经继电器 CJ1 接＋12V，晶体管 VT2 的发射极接地，继电器控制电路如图 1-2-13 所示。

继电器控制电路接受来自单片机 CPU 的指令，继而实现对相应电磁阀、水泵、驱动电机、超声波发生器、加热器等电气设备的投切，当单片机发出的高电平操作信号经三极管放大电路放大后，通过光耦元件传输到 12V 的继电器线圈控制回路，使相应继电器动作。

3）接触器控制电路。接触器控制电路由并联的 17 路结构相同的接触器电路控制支路组成，其中每一路接触器电路控制支路由接触器 CK1 以及继电器常开触点 CJ1-1 组成，接触器 CK1 与继电器常开触点 CJ1-1 串联后接在交流 220V 电源与地之间，接触器控制电路如图 1-2-14 所示。

CPU 驱动继电器动作后，其在继电器操作电路中的常开触点闭合，导通相应的接触器线圈，相应接触器闭合，从而投入相应的电磁阀、水泵、驱动电机、超声波发生器等电气设备。待继电器接点断开后，相关设备又停止运行，其中继电器接点 CJ1-1～CJ17-1 分别控制继电器 CK1～CK17 线圈电源的通断。

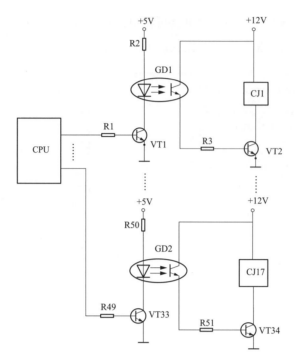

图 1-2-13   继电器控制电路图

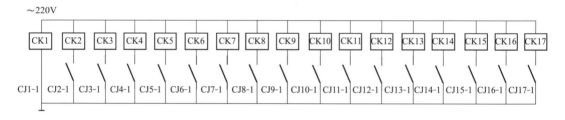

图 1-2-14   接触器控制电路图

（3）接触器触发电路。接触器触发电路由 9 路结构相同的继电器控制电路、水泵控制电路、污水回收装置控制电路、超声波清洗装置控制电路、加热棒控制电路、驱动电机控制电路和 3 路结构相同的加热器控制电路组成。其中 1 路继电器控制电路由接触器常开触点 CK1-1 与第一电磁阀 V1 串联后接在交流 380V 电源与地之间；水泵控制电路由接触器常开触点 CK10-1、CK10-2、CK10-3 与水泵串联后接在交流 380V 电源与地之间；污水回收装置控制电路由接触器常开触点 CK11-1 与油水分离器串联后接在交流 380V 电源与地之间；超声波清洗装置控制电路由接触器常开触点 CK12-1 与超声波发生器串联后接在交流 380V 电源与地之间；加热棒控制电路由接触器常开触点 CK13-1 与加热棒 TH1 串联后接在交流 380V 电源与地之间；驱动电机控制电路由接触器常开触点 CK14-1、CK14-2、CK14-3 与驱动电机串联后接在交流 380V 电源与地之间；其中 1 路加热器控制电路由接触器常开触点 CK15-1 与加热器 TH2 串联后接在交 380V 电源与地之间。接触器触发电路如图 1-2-15 所示。

前文介绍继电器控制电路控制接触器控制线圈的接通，接触器控制电路中对应线圈得电后控制接触器触发电路中相应触点动作，接通对应的电磁阀，控制相应电气设备动作。接触器接点 CK1-1～CK9-1 分别控制电磁阀 V1～V9 的开闭；接触器接点 CK11-1 控制油水分离器 R 的投停；接触器接点 CK12-1 控制超声波发生器的投停；接触器接点 CK13-1 控制加热热棒 TH1 的投停；接触器接点 CK15-1～CK17-1 分别控制加热器 TH2～TH4 的投停；接触器接点 CK10-1-～CK10-3 控制驱动电机 M 投停；接触器接点 CK14-1～CK14-3 控制水泵 P 投停。

9. 超声波油化验器皿清洗装置工作流程

清洗装置启动后，通过控制面板对相应参数进行设置，清洗开始由单片机 CPU 发出指令使继电器 CJ15、CJ16、CJI7、接触器 CK15、CK16、CK17 闭合，使蒸馏水箱 11、自来水箱 12、洗涤剂溶液箱 13 中的加热器进行预加热；之后继电器 CJ7、接触器 CK7 闭合，电磁阀 V7 导通，将洗涤剂溶液箱 13 中的洗涤液接通至水泵 P，继电器 CJ1 与接触器 CK1、继电器 CJ2 与接触器 CK2、继电器 CJ3 与接触器 CK3 交替吸合，使电磁阀 V1、电磁阀 V2、电磁阀 V3 交替开启，达到玻璃器皿内壁交替喷淋的效果，继电器 CJ4 与接触器 CK4 持续吸合，使电磁阀 V4 持续开启，保持玻璃器皿外壁持续喷淋清洗；继电器 CJ10 与接触器 CK10 吸合，水泵启动，待清洗槽中洗涤液没过瓶休后，

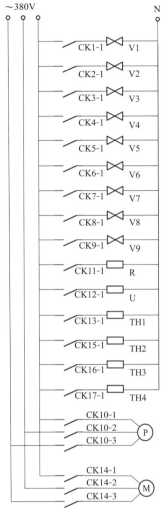

图 1-2-15　接触器触发电路图

相关继电器、接触器断开，相关电磁阀关闭，停止喷淋，对玻璃器皿进行浸渍。

随后，继电器 CJ12 与接触器 CK12 吸合，超声波发生器开始工作，输出脉冲电流驱动振板中的超声波振子产生超声震荡波，由超声震荡波对玻璃器皿进行震荡洗涤，迅速剥离瓶体内、外壁污渍。超声震荡洗涤进行一段时间后，继电器 CJ14 与接触器 CK14 吸合，驱动电机开始带动清洗篮转框旋转，同时控制自动供水系统的相关继电器、接触器吸合，相关电磁阀开启，内喷头、外喷淋装置再次对瓶体内、外壁进行喷淋，瓶内积水可随清洗篮转框旋转及时倒出，这一过程即为旋转喷淋过程。

旋转喷淋结束后，自动供水系统中的电磁阀关闭。继电器 CJ8 与接触器 CK8 吸合，电磁阀 V8 开启。同时 CJ11 与接触器 CK11 吸合，油水分离器 R 启动，清洗槽中污水经油水分离器排出。污水流经油水分离器时，其中浮油部分被直接排出，其余洗涤剂溶液则被回收至洗涤剂溶液箱中。

随后继电器 CJ6 与接触器 CK6 吸合，电磁阀 V6 开启，将自来水箱中的自来水导通至水泵 P，自动供水系统中的电磁阀全部开启，使用自来水对玻璃器皿内、外壁进行喷淋冲洗。同时，继电器 CJ14 与接触器 CK14 吸和，驱动电机带动清洗篮转框旋转，玻璃器皿在旋转过程中其外壁受到外喷淋装置的全方位冲洗，而内喷淋所产生的积水也可随瓶体翻转及时排出。自来水冲洗结束后，水泵停转，自动供水系统的全部电磁阀关闭，驱动电机及清洗篮转框停转；继电器 CJ9 与接触器 CK9 吸合，电磁阀 V9 开启，清洗槽中污水经电磁阀 V9、排水管直接排出。

自来水、蒸馏水清洗过程全部采用旋转喷淋方式，即清洗篮转框旋转的同时，内喷头、外部喷淋装置对玻璃器皿瓶体内壁、外壁进行喷淋冲洗。玻璃器皿瓶体在随清洗篮转框转动时，还可利用清洗槽内积水进行刷洗。清洗的全过程都伴随超声震荡，以强化清洗效果。除采用常规洗涤流程，还可通过控制面板选择特殊流程，或自行设置洗涤步骤及其循环次数、各循环用时，以适应不同洗涤对象、洗涤要求。示意图如图 1-2-16 所示。

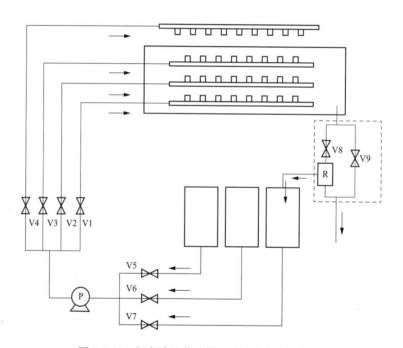

图 1-2-16   超声波油化验器皿清洗装置流程简图

第四节   超声波清洗技术在油化验领域的应用

超声波油化验器皿清洗装置是首次引入超声波"无刷"洗涤方式进行玻璃器皿洗涤，洗涤自动化水平大幅提高，洗涤质量显著增强，除常规油样瓶外，还可高效完成对其他各种特殊形状的玻璃器皿清洗，实现了化学洗涤领域的一次技术革命。

一、技术优越性

超声波油化验器皿清洗装置的应用，在诸多方面表现出的优越性如下：

1. 洁净度大幅提高

以往采用人工洗涤方式，洗涤洁净度只能靠人为控制，标准不统一。使用本成果洗涤标准一致，效果达到国家标准的要求。

2. 节约工时，提高效率

以往采用人工洗涤方式，以完成 100 个采样瓶的洗涤工作为例，需 6 人 4h；在使用一代油样瓶清洗机后，减少至 2 人 4h；采用超声波油样瓶自动洗瓶机后减少至 1 人 1.5h，如图 1-2-17 所示。

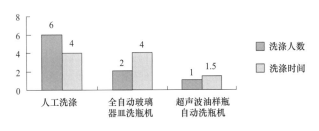

图 1-2-17　洗涤工时对照表

洗瓶工作效率的提高，为油化验人员空出时间分析技术问题提供了便利条件，使油化验工作水平大幅提高。

3. 减少采样瓶数量损失

由于洗涤方式科学，结构合理，瓶损率由 10％降至 1％，成功降低了油样瓶数量损失，避免了人员刺伤。

4. 节约运输费用

应用后洗瓶质量提高，避免了油样污染，采样化验准确性提高，避免重复采样，节约了运输费用。

5. 消除人身伤害

应用后，人员无须介入洗涤程序，避免了烫伤、触电、机械伤害、洗涤液腐蚀。

6. 电网运行可靠性提高

应用后，油样瓶洁净度高，错判、漏判概率降低，从而提高了电网运行可靠性。

7. 降低洗涤用具成本

本设备无须人工多次操作，减少了以往洗涤用的毛刷、橡胶手套，超声波的使用，同时节约了大量的洗涤剂，实现循环使用，节省用水，降低成本。

二、经济、安全效益与社会效益

超声波油化验器皿清洗装置应用后，也取得了显著的经济、安全及社会效益。

1. 经济效益

（1）应用后，每次洗瓶工作减少 5 人，洗涤用时减少 2.5h，1 年节约用工成本超过 10 万元。

（2）瓶损率由 10% 降至 1%，以各种油样瓶均价 20 元计算，一年可节约购瓶费、设备修理费共 2 万元。

（3）超声波油样瓶自动清洗机的洗涤程序采用统一质量控制标准，通过化学检测，控制污渍及清洗剂残留度，确保洗涤质量，避免了反复取样化验，全年节约运输费用 3 万元。

综上所述，使用超声波油样瓶自动清洗机，一年共为企业节约生产成本超过 15 万元。

2. 安全效益

使用清洗机后，实现对玻璃器皿的全自动洗涤，洗涤过程无须人工介入，杜绝了人员烫伤、刺伤、腐蚀、触电的风险。

3. 社会效益

通过采用该装置，油样瓶洗涤效率提高 10 倍，减少了洗瓶用工数，实现了减人增效。同时，因采样瓶准备充足，质量可靠，应急采样工作快速到位，减少了设备停电时间，并及时提供油样化验结果，从而提高了电网运行可靠性，树立了良好的企业形象。超声波油化验器皿清洗装置操作简便、可靠，油样瓶洗涤效果佳，为油化验专业人员提供了实用、高效的操作工具。其操作安全可靠，杜绝了原来工作中存在的人员烫伤、机械伤害，为一线工作人员提供了可靠的劳动保护，为电网可靠运行提供了坚实的基础保障，为社会发展提供了良好的技术手段。

第二篇
断路器检修新技术

第一章 高压断路器机械特性检测技术研究与应用

高压断路器是电力系统一种相当重要且保有量大的设备，它不仅可以切断或者闭合高压电路中的负载电流，当系统发生故障时还可以切除过负荷电流和短路电流起到保护电网的作用。随着电网快速发展，断路器的数量也逐年增加，保证断路器安全稳定运行成为了电力工作者的一个严峻挑战。保证断路器安全运行，目前采用的方法是通过对断路器的机械特性试验对断路器状态进行判断，及早发现问题、解决问题。机械特性试验技术包括试验装置以及试验方法，本章通过回顾高压断路器机械特性检测技术发展的历程，重点剖析高压断路器机械特性试验技术的原理和方法，阐述当前出现的新型的、智能型的高压断路器机械特性试验装置及试验方法，为特性试验提供了一种更安全、更高效的策略。

第一节 高压断路器机械特性检测技术发展历程

一、高压断路器及其机械特性检测概述

高压断路器（或称高压断路器）不仅可以切断或闭合高压电路中的空载电流和负荷电流，而且当系统发生故障时通过继电器的保护装置作用，切断过负荷电流和短路电流，它应具有相当完善的灭弧结构和足够的断流能力，高压断路器是变电管理中主要的电力控制设备，以防止扩大事故范围。因此，高压断路器工作得好坏，直接影响到电力系统的安全运行。高压断路器的主要技术参数：额定电压（标称电压）；额定电流；额定开断电流；动稳定电流；关合电流；热稳定电流和热稳定电流的持续时间；合闸时间与分闸时间；操作循环等。

高压断路器机械特性测试仪是用来对高压断路器地分、合闸动作时间，动作速度，行程等机械特性进行测试的专用仪器。测试仪可将高压断路器动触头、静触头的闭合与断开状态的改变转化为动触头、静触头两端电平信号的变化，通过对电平信号进行测量计时，就能准确地测出开关的分（合）时间，弹跳次数及弹跳时间。如果对多个断口的多路信号进行测试计时，则既能测量出时间又能计算出动作的时间同期性。开关速度等参量是通过安装速度传感器来实现。测试仪一般由操作电源、控制计算中心单元及时间和速度采样等单元组成。原理如图 2-1-1 所示。

高压断路器机械特性测试仪测量主要技术参数指标如下。

（1）合、分闸时间：接到合（分）闸指令瞬间后到所有电极触头都接触（分离）的时间间隔。这是表征断路器操作机械特性重要参数。各种不同类型的断路器的分、合闸时间不同，但都要求动作迅速。合闸时间是指从断路器操动机构合闸线圈接通到主触头接触这段时间，从电力系统的要求来看，对合闸时间要

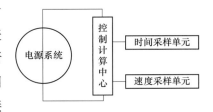

图 2-1-1　高压断路器测试仪工作原理图

求不高，但需要稳定，一般不大于 0.2s。分闸时间包括固有分闸时间和熄弧时间两部分，固有分闸时间是指从分闸线圈接通到触头完全分离的时间；熄弧时间是指从触头分离后到各相电弧熄灭的时间。一般为 0.06～0.12s。分闸时间小于 0.06s 的断路器，称为快速断路器。

（2）合、分同期性：断口间触头接触（分离）瞬间的最大时间差异。

（3）弹跳时间：开关动触头与静触头在合闸操作中，从第一次合上到最后稳定地合上的时间。这一参数国外的标准中都没有明确的规定，1989 年底国家提出真空断路器合闸弹跳时间必须小于 2ms。

（4）弹跳次数：开关动触头与静触头在合闸操作中合上的次数。

（5）行程：分、合闸操作过程中，开关动触头起始位置到任一位置的距离。

（6）开距：分位置时，开关一极的各触头之间或其连接的任何导电部分之间的总间隙。

（7）超行程：合闸操作中，开关触头接触后动触头继续运动的距离。

（8）过行程：分、合闸操作中，开关动触头运动过程中，最大行程和稳定后行程的差异。

（9）刚合（分）速度：开关合（分）闸过程中，动触头与静触头接触（分离）瞬间的速度。

（10）平均速度：开关合（分）闸操作中，动触头在整个运动过程中的行程与时间比值。

高压断路器机械特性测试仪检定装置用于测量高压断路器机械特性测试仪技术指标的专用仪器。按照即将颁布的《高压断路器动作特性测试仪》国家检定规程要求，检定装置需检测的参数有合闸时间、分闸时间、合闸同期性、分闸同期性、弹跳时间、平均合闸速度及平均分闸速度等。高压断路器机械特性测试仪检定装置测试的连接原理如图 2-1-2 所示。

二、高压断路器机械特性检测技术发展历程

断路器机械特性测试仪的发展经历了电秒表、滚筒测试仪、装故事测试仪、微分电路式测试仪、光电计数式机械特性测试仪、电磁振荡器以及多线示波器等多种类型。早期传统的测试方法中，检修试验人员通常使用电秒表、同步灯、光线示波器、电磁振荡器和转

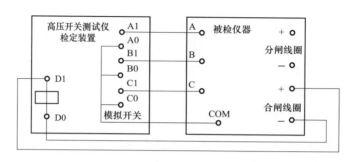

图 2-1-2   高压断路器机械特性测试仪检定装置测试的连接原理图

鼓测速仪等试验设备进行测试。但这些设备运输困难不但占用现场面积大、测试时接线复杂、读取记录的数据要进行人工处理和计算，而且测量的误差大，检修工作的时间长。在工业发达国家，较早就着手把计算机应用于断路器的测量之上，80 年代末 90 年代初，通过模拟数字电路技术的运用，先后研制投产了集箱式断路器机械特性测试仪。这类仪器综合了上述部分仪表的测量功能，简化了试验接线和操作，且具有携带方便等优点但仍然采用传统的检测技术和试验方法，由可控硅直流电源测速器控制电路、门控电路及计时显示电路和同期灯等几部分组成，存在自动化程度低、测量误差大和功能不强等缺点。随着微电子技术的发展及微机技术在国内外的广泛应用，90 年代开始出现微机型高压开关机械特性测试仪。国外在这方面的研究较早，目前已有功能齐全、抗干扰性能高的成熟产品，如美国 BOBLE 公司开发研制的 TR-3000 型数字式断路器试验系统。国内先是出现了以 Z-80 单板机作微处理器的产品，继而出现了以 MCS-51 系列单片机作微处理器的产品，现在也有采用 MCS-96 系列单片机作微处理器。以 Z-80 单板机作微处理器的微机系统测速误差大、导电杆总行程和导电杆超行程测量精度低、达不到对速度、行程、超行程的测量精度，随着 MCS-51 系列单片机的出现而逐渐被淘汰。90 年代中出现的以 8031 单片机作微处理器，以各种传感器作为行程传感器的高压开关特性测量仪，测量精度较以前有较大提高，时间误差不大于 0.1ms，行程误差不大于 1mm，速度误差不大于 0.01m/s，但是接线和操作仍较复杂。在使用前检修试验人员必须仔细阅读使用说明，即使这样在变电站现场检修中还是出现试验人员接线或使用不当而导致测量出错或仪器损坏的情况，因此仍需进一步改进。目前国内一些单位和厂家仍在改进该类产品，使其应用于各种断路器以及进一步提高测量精度、系统稳定性和抗干扰性等并进一步改进操作。清华大学电机系在这方面做了大量的研究工作，研制出了几代用于高压状态参数微机化测试仪，已在国内的高压断路器出厂检验和运行部门检修中使用。

总之，近年来随着电子技术、计算机技术及数据处理技术的快速发展，检测手段有了很大的提高国内外陆续开发出一些断路器机械特性测试仪器。目前我国的断路器测试系统是以单片机为核心，多使用光电传感器检测断路器的行程和时间来测试断路器的机械特性，这种方法是通过计数光电传感器中的编码所发出的脉冲个数实现测量的。不足之处是分辨率不高，只在 1ms 左右，且不易提高。进口测试仪如瑞典 PROGRAMMA 公司的 TMI1600/MA61 开关测试仪、德国威尔斯 SA100&SA100R 断路器机械特性测试仪性能较好，但价格昂贵，英文界面使用不方便。而且该机械特性测试仪的配套软件功能简单，对于大量数据的查询检索极为不便，不适合目前我国断路器设备型号复杂和对历史数据进行比较查询的要求。目前使用的国内机械特性测试仪，普遍存在适用范围小，测试数据不准确，抗干扰能力差等问题。如测试时对于不同型号的断路器需要更换不同芯片，使用比较麻烦且使用时间长芯片容易损坏测试的数据只能现场打印，不能长期大量存储，现场不使用笔记本电脑的情况下，只能存储一组数据现场使用时受环境的影响较大感应电压，抗干扰能力差。数据传输速度慢目前市场使用的测试仪都采用串口通信，由于测试采集的量大，使得现场使用起来较慢，不能满足快速高效率的要求。传感器固定方式较为单一，不能适合目前断路器种类繁多，测试部位差别大的现状，存在着固定不便的缺点。断路器数据管理软件目前还没有理想的断路器资料管理、试验数据管理软件和指导现场检修的软件。只有简单的存储数据的软件，并且每次测试的数据存储一个文件，数据量大的情况下查询管理极为不便。现在的微机型机械特性测试仪，其原理和方法都有了很大的改变。不仅具有较高的精度，还能记录断路器动作的整个过程，从而计算断路器分合闸速度。

然而实际工作中试验方法和试验仪器存在诸多问题和安全隐患主要体现在四个方面：一是信号源不足，标准特性试验仪分合闸输出端仅有一组，无法满足分相断路器进行三相联动或者分相试验，也不能满足有副分线圈的断路器试验工作。二是安全性差，若二次回路带电进行试验可能造成断路器或试验仪损坏，严重者会影响整座变电站的直流系统。三是试验过程烦琐，效率低下，一次特性试验需要多次换接线，且试验线靠人手持接通失败率高。四是功能单一，没有电阻和电压测量功能，当需要验电和测量二次回路电阻时需要换万用表测试，降低也工作效率。

针对以上问题，我们研发了高压断路器机械特性试验智能型多功能转接装置如图 2-1-3 所示，本装置成功解决了分合闸输出端子不够用的问题，并且试验前一次接线就可以满足多有试验项目的需求，具有验电和电阻测量功能，整个试验过程的安全性和效率都大大提高，经过验证试验时间节省 80％ 以上。

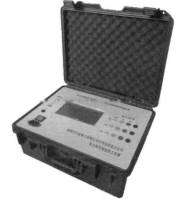

图 2-1-3　高压断路器机械特性试验智能型多功能转接装置

第二节　高压断路器机械特性检测转接装置技术原理

高压断路器机械特性试验智能型多功能转接装置共有 4 个模块，分别为组合接通模块、端子验电模块、电阻测量模块、人机交互模块。

一、组合接通模块功能及原理

组合接通模块为本装置的核心模块，通过此模块可以将不同的分路接通到测量回路中，从而实现由一个信号源提供多路输出，组合接通模块同样可以简化试验接线，可实现试验前所有接线一次完成，试验过程中无须再倒接线，试验效率大大提高。组合接通模块原理图如图 2-1-4 所示，图中的"分""合""负"分别为试验箱输出的信号，也是转接装置的输入信号，有"合闸""分 1""分 2"3 种不同模式，合闸模式下合闸信号与 A 相合、B 相合、C 相合接通，负信号通过合闸负与负 1 接通，合闸回路导通；分 1 模式下分闸信号与 A 相分 1、B 相分 1、C 相分 1 接通，负信号通过分 1 负与负 1 接通，分 1 回路导通；分 2 模式下分闸信号与 A 相分 2、B 相分 2、C 相分 2 接通，负信号通过分 2 负与负 2 接通，分 2 回路导通。

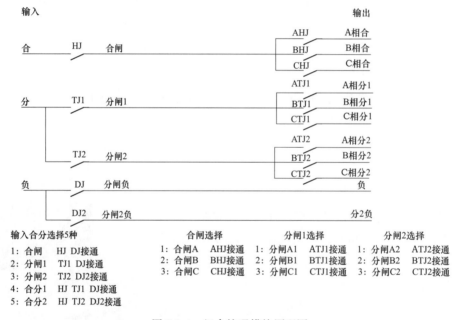

图 2-1-4　组合接通模块原理图

二、端子验电模块功能及原理

特性试验操作规程要求试验前要先对端子进行验电，确认无电后再进行试验，端子验电模块就是对端子排上接试验线的端子进行采集验电。以往的验电采用万用表人工进行电压测量，存在测量时间长的缺点。而通过测量模块进行验电无须额外接测试线，利用信号线就可直接测量测量时间大大缩短，测量原理图，如图 2-1-5 所示。在"合闸""分 1""分 2"3 种模式下，相

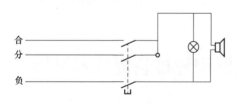

图 2-1-5　验电功能原理示意图

应的测量回路分别导通，合闸模式下电压测量通过 A 相合、B 相合、C 相合、负 1 形成导通回路，测量三相端子电压；分 1 模式下通过 A 相分 1、B 相分 1、C 相分 1、负 1 形成导通回路，测量三相分 1 端子电压值；分 2 模式下通过 A 相分 2、B 相分 2、C 相分 2、负 2 形成导通回路，测量三相分 2 端子电压值。

三、电阻测量模块功能及原理

以往的控制回路电阻测量通过万用表欧姆挡进行测量，测量时间长，而通过测量模块进行电阻测量无须额外接测试线，利用信号线就可直接测量，测量时间大大缩短，测量原理图，如图 2-1-6 所示。在"合闸""分 1""分 2" 3 种模式下，相应的测量回路分别导通。合闸模式下电阻测量通过 A 相合、B 相合、C 相合、负 1 形成导通回路，测量三相合闸电阻值；分 1 模式下通过 A 相分 1、B 相分 1、C 相分 1、负 1 形成导通回路，测量三相分 1 电阻值；分 2 模式下通过 A 相分 2、B 相分 2、C 相分 2、负 2 形成导通回路，测量三相分 2 电阻值。

四、人机交互模块功能及原理

人机交互模块的功能是为使用者提供简单易学、可靠完善的操作界面，让装置的功能直观地展现出来，并能很便利地操作装置。人机交互模块由 CUP 芯片、触摸屏组成，如图 2-1-7 所示。

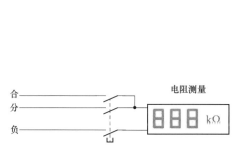
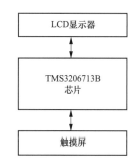

图 2-1-6　电阻测量模块原理示意图　　　　图 2-1-7　人机交互模块构成

第三节　智能型高压断路器机械特性检测转接装置设计

装置的硬件设计包括 CPU 的选择、组合接通模块硬件设计、端子验电模块硬件设计、电阻测量模块硬件设计、人机交互模块硬件设计以及电源模块硬件设计。

一、组合接通模块硬件设计

组合接通模块硬件部分主要由开入开出模块、固态继电器等组成。开入开出模块如图 2-1-8 所示，图中 1U1 为光耦合器，它是以光为媒介来传输电信号的器件，当输入端加电信号时发光二极管发出光线，受光器接受光线之后就产生光电流，从输出端流出，从而实现了"电信号-光信号-电信号"控制。以光为媒介把输入端信号耦合到输出端的光电耦合器，具有体积小、寿命长、无触点、抗干扰能力强的优点。光耦的受光器与三极管 J 组成达林顿复合管，其等效于一个放大倍数是原来二者之积的新三极管，用于作为固态继电器的驱动，驱动原理为：1U1 导通，1Q1 导通，1Q1-3＝0V，线圈两端电压为 11.7V，继电器动作，相应的回路得到电压；1U1-1 脚不接或接地，1U1 不通，1Q1 截止，1Q1-3＝11.9V，线圈两端电压为 0V，继电器不动作，回路不得电。

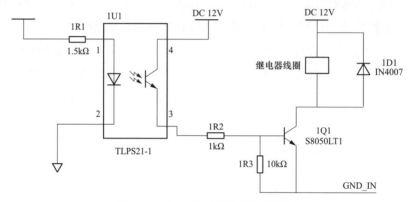

图 2-1-8　组合接通模块硬件设计图

二、端子验电模块硬件设计

端子验电模块的核心是直流电阻采样，本装置的采样电路如图 2-1-9 所示，电压 V 为端子上的电压经过电阻分压得到的 $-1\sim1V$ 的电压，经过两个反相放大器，第一个放大器为一个加法器，将电压 V 与参考电压相加，如果电压 V 为负值则输出电压小于 2.5V，如果电压 V 为正值则输出电压大于 2.5V，第二个放大器为一个反相器，将负电压值转换成正电压值，输入到处理器中。

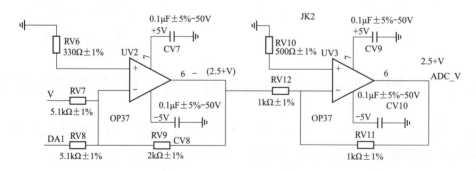

图 2-1-9　端子验电模块硬件设计图

三、电阻测量模块硬件设计

电阻测量模块原理如图 2-1-10 所示。该模块使用一个 2.5V 的参考电压，通过将回路电阻与 RR_2 进行串联分压，抽取回路电阻上的测试电压输入到处理器中进行计算，计算

公式为

$$回路电阻\ R=RR_2\times V_r/(V_r+1)$$

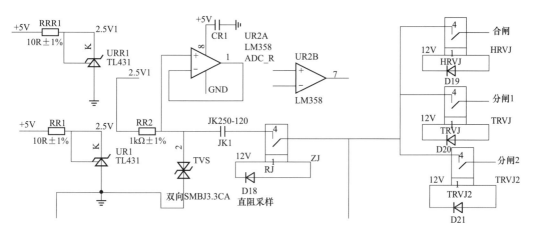

图 2-1-10 电阻测量模块原理图

四、人机交互模块硬件设计

CPU 选择 TI 公司的 TMS320C66713 芯片，此芯片为新型浮点 DSP，芯片运算能力强指令集高效使用于本装置。触摸屏采用四线制电阻式触摸屏，控制芯片采用 AD 公司的 AD7843 芯片，AD7843 与 DSP 芯片之间通过 SPI 协议连接和沟通，其中 DSP 用 McBSP 接口，设置为时钟停止模式，从而与 SPI 协议兼容，AD7843 外部电路连接图如图 2-1-11 所示。

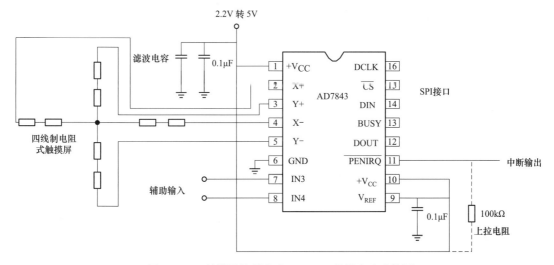

图 2-1-11 触摸屏控制芯片 AD7843 外部电路连接图

五、电源模块硬件设计

本装置采用 220V 交流电作为输入电源，首先采用开关电源将 220V 交流电转换为 12V 直流电，如图 2-1-12 为开关电源。

图 2-1-12 开关电源

然后本装置直流 5V 电压通过采用 LM2575 芯片配置，如图 2-1-13 所示，输入 Vin 为 12V 电压，通过一个 $100\mu F$ 电容 C02 进行稳压，输出端并联一个二极管 D22 起过压保护功能，L1、C03 组成 LC 滤波器，对输出电压进行过滤，使输出平稳的 5V 直流电压，供装置内电路使用。

直流 $-5V$ 电压采用 TPS60403 芯片实现，如图 2-1-14 所示，TPS60403 芯片可在 1.6V 至 5.5V 的输入电压范围内产生未调节的负输出电压，输入电压为 5V 正电，则产生输出为 $-5V$ 电压。

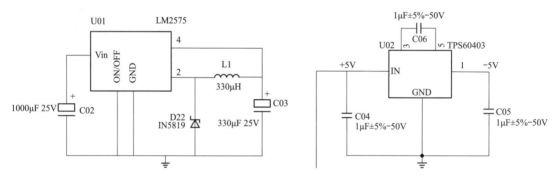

图 2-1-13 LM2575 芯片配置   图 2-1-14 TPS60403 芯片配置

第四节 装置使用效果和推广意义

智能型多功能转接装置，能够将现场复杂的试验接线结构集成化、智能化，并通过验电、直阻测量及测量数据记录等功能，提升试验工作的安全水平，提升检验设备的历史管理水平，方便、快捷、安全地辅助完成操作回路试验检测功能。

首先，将装置电源、试验分、合、负电源、合、分操作回路连接线，按 ABC 三相，与转接装置对应插口，根据颜色，一一对应接好。然后，装置上电，显示初始画面如图 2-1-15 所示，约 5s 启动后显示主控画面如图 2-1-16 所示。

图 2-1-15 初始画面

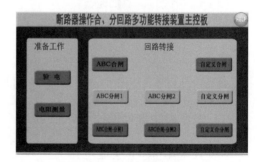

图 2-1-16 主控画面

在主控画面条件下，所有回路均为断开的初始状态，是安全的状态。

在测试前，首先进行验电工作。本装置为强电与弱电混合装置，验电为强电环境，电阻测量为弱电环境。弱电环境尽管做了对强电的保护措施，但也请不要在没有验电的情况下，首先进行电阻测量，尽可能地避免不安全的因素发生。点击右上角的 help 按钮，可进入本装置的帮助界面，操作指引，如图 2-1-17 所示。

在主控画面点击"验电"可对二次端子进行验电，如图 2-1-18 所示。验电工作一次完成，请耐心等待。如果回路中有电压存在，回路中将显示相应电压值，同时，能听到蜂鸣器报警声音。

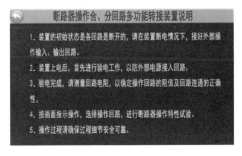

图 2-1-17　帮助界面

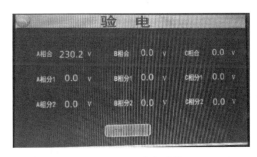

图 2-1-18　验电功能

在主控画面点击"电阻测量"可进入电阻测量模块如图 2-1-19 所示，电阻测量按合闸、分闸 1、分闸 2 回路，通过选择，然后通过测量开始按钮开始测量，测量结束会有提示。短路显示 0 欧，显示实际测量值，开路显示无穷大值。要进行下一个回路的测量，只需要重新选择，通过开始按钮进行电阻测量。电阻测量模块，附加了数据记录功能可以将测试结果直接记录在装置内，省去了人工记录，既方便快捷，又准确无误。

图 2-1-19　电阻测量功能

输入必要的信息进行存储，操作界面如图 2-1-20 所示，将自动生成带线路名称属性、时间属性的报表如图 2-1-21 所示。

主控制画面显示由回路转接设定常用的 5 种模式，如图 2-1-22 所示，通过主控画面进入后，回路自动接通，返回主控画面，回路则自动断开。

自定义选择的回路选择，共 3 种通过主控画面进入后，如图 2-1-23 所示，选择所需要的回路，通过按钮接通，返回主控画面，回路则自动断开。

图 2-1-20　电阻测量界面

图 2-1-21　电阻测量数据记录

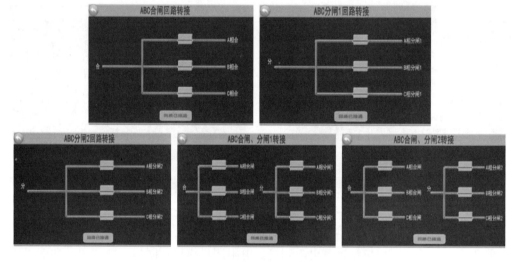

图 2-1-22　5 种常用转接模式

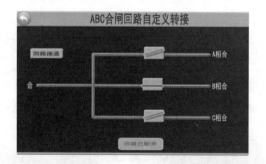

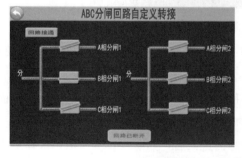

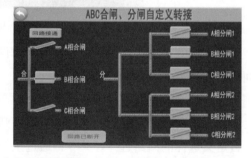

图 2-1-23　3 种自定义转接模式

第五节　应　用　推　广

本装置在石家庄地区检修专业已经使用两年多时间，使用后断路器机械特性试验效率提高 80％以上，安全性、规范性也显著提高，可以推广至其他地区电网公司，以及电力设备生产、安装等领域。

1. 技术方面优势

技术优势最突出的就是使用了高压断路器机械特性试验转接装置以后，试验效率大大提高，这得益于：①转接装置的一次接线代替了以往的反复接换线操作，技术的提高简化了操作流程；②二次端子排验电以及回路电阻测量功能的加入，和便捷操作都节省了整个特性试验的时间。

2. 安全方面优势

机械特性试验过程中存在低压触电、损坏断路器二次元器件等安全隐患，使用高压断路器机械特性试验转接装置以后，不再需要人工去进行验电也就不存在触电的隐患，不进行验电就不能进行加电试验则可以避免损坏断路器二次元器件，因此说装置的使用使得安全性大大提高。

3. 经济、社会效益

应用后每次特性试验减少 2 人，试验时间减少 1h，石家庄地区每年试验约 1000 台断路器，按每人每小时 50 元费用计算，每年可节省费用为 $2×1×1000×50＝10$ 万元。

通过采用该装置，断路器机械特性试验效率提高超过 80％，验电和电阻测量功能通过装置即可完成，不需要人工接触，消除了工作人员触电的风险，为一线工作人员提供了良好的保护。同时装置可靠性高、数据准确为工作人员判断设备状况状态提供了有力数据支撑，装置智能程度高、应用效果好为电网可靠运行了贡献了检修智慧，装置构思精巧、技术含量高为电力检修试验技术进步发展做出了贡献。

第二章 断路器机械特性测量新技术

根据国家电网公司《输变电设备状态检修试验规程》，断路器应定期进行停电例行试验，包括机械特性、回路电阻试验。试验时，需要拆除一侧接地线、悬挂测试线进行测试，测试完毕后恢复。鉴于传统方法现场应用存在较多问题，本章介绍了一种全新的断路器综合试验测量技术与装置，通过一次试验接线，即可完成断路器机械特性和回路电阻试验，能够解决目前工作现场存在的安全风险高、管理效能低、劳动强度大等痛点问题，具有巨大的实际应用价值。

第一节 断路器机械特性测量新技术研究的意义

断路器（开关）是变电站中的重要设备，且数量较大，一般一座 220kV 变电站内的断路器为 20～30 台。据统计，国网河北省电力有限公司每年进行 110kV 及以上断路器试验工作 1300 余次，定期开展断路器机械特性、回路电阻等试验，能有效判定断路器设备状况。

断路器停电时，需在两侧悬挂接地线（即两侧接地），如图 2-2-1 所示，停电试验工作需手举绝缘杆拆除单侧接地线、悬挂测试线后方可进行，如图 2-2-2 所示，目前存在以下问题：

（1）安全风险高，拆除接地线需要举绝缘杆，频繁举杆，容易发生倒杆至相邻带电间

图 2-2-1 断路器两侧接地安全措施

图 2-2-2 手举绝缘杆悬挂测试线现场图

隔导致触电事故及感应电伤人事故。

（2）管理效能低，依据《国网公司电力安全工作规程（变电部分）》的相关要求，拆除接地线需经调控、运维、检修三部门同意，联系耗时长。

（3）劳动强度大。试验工作需 4 名工作人员举 3～5m 绝缘杆进行 15 次拆挂工作，工作 3h，人员工作强度大、工作效率低。

（4）现场布线乱，断路器特性及回路电阻测试工作，需两台试验仪器方可完成，试验接线繁杂，现场规范化、标准化程度低。

（5）数据分析难，试验完毕，需要人工将测试数据与历史数据、厂家标准进行分析比较，还需参考同厂、同型号的试验数据，数据分析环节耗时长，准确性低。

断路器机械特性、回路电阻等参数信息，无法有效通过带电检测、在线监测等手段进行监视，因此断路器停电试验工作尤为重要，是保障电网设备安全稳定运行的重要环节。

第二节 项目成果的理论原理

断路器是电力系统中不可缺少的电气元件，是重要的一次设备，在正常情况下能够顺利完成投、切高压线路、电力设备，在故障情况下能够开断巨大故障电流，同时根据需要快速完成自动重合闸操作。但是在不良工作状态和绝缘状况时，将会影响电力系统运行的稳定性。

电网中高压断路器种类繁多，按照绝缘介质灭弧机理的不同，主要分为以下几种：采用绝缘油作为灭弧介质的多油断路器和少油断路器，目前此类断路器在变电站中已逐步退出使用；采用真空作为灭弧介质的真空断路器，现已在 10kV 电压等级的电网中广泛应用；采用 SF_6 气体作为灭弧介质的断路器，已在 110kV 及以上的电网及变电站中广泛应用；此外还有压缩空气断路器、自动产气式断路器、磁吹式断路器。

一、断路器型号参数含义

断路器型号是由字母和数字组成，可针对使用场所和运行参数，选用断路器型号，如图 2-2-3 所示。

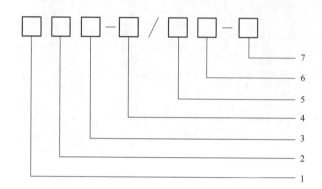

图 2-2-3   断路器型号及参数

1—灭弧介质种类：D-多油，S-少油，K-空气，L：-SF₆，Z-真空；2—使用环境：N-户内式，W-户外式；

3—设计序号：数字-设计序号；4—额定电压，数字-额定电压（kV）；5—代号：C-手车式，G-改进型；

6—额定电流：A；7—额定短路开断电流：kA

二、断路器机械特性介绍

断路器的机械特性试验是在断路器处于检修状态情况下，按照规定程序对其进行各种操作，验证机械性能和操作性可靠性的试验。行业要求断路器操作控制回路能够在一定电压、油压、气压范围内能够正确工作。国家标准及电力行业标准对此范围做了如下规定：

（1）储能机构能够在 85%～110%额定电压范围内可靠储能。

（2）操作控制电压为交流电压时，断路器应该能在额定电压的 85%～110%之间可靠分闸和合闸。采用直流电压时，断路器应该能在额定电压的 80%～110%之间可靠合闸。并联分闸脱口器在分闸装置额定电压的 65%～110%范围内应能可靠动作。

（3）当操作控制回路电压低于额定电压的 30%时，断路器应不能分闸。

（4）对于气动机构，当储能气体压力为额定压力的 85%～110%之间时，断路器应能可靠分、合闸，液压结构的油压应满足制造厂规定。

高压短路器的机械特性测试主要是分、合闸速度，分、合闸时间，分、合闸同期性以及分、合闸继电器的动作电压，对于真空断路器，还包括合闸弹跳次数。断路器的机械特性参数只有保质在规定的范围内，才能充分发挥其开断电流的能力，以及延长使用寿命。刚分速度的降低，将使燃弧时间增加，尤其是在切断短路电流时，可能使触头烧损。刚合速度的降低，若和闸于短路故障时，由于阻碍触头关合电动力的作用，将引起触头震动或停滞，容易引起爆炸。刚分速度过高，将使运动机构受到过度的机械应力，造成个别零部件损坏，缩短其使用寿命。

断路器分合闸速度的不同期，将造成电气元件短时内非全相运行，从而出现危害设备绝缘的过电压情况。

1. 断路器时间参数测量的方法

断路器传统的时间测量方法主要有电秒表法、光线示波器法。电秒表具有测量简单、使用方便等优点，但是电秒表难以准确测量相间断口不同期性，现已逐渐被取代。光线示波器法可测量断路器分、合闸时间，不同期性及断路器合闸弹跳次数或时间。具有精度高、时标范围宽、同时测量多个时间参量，而且能直观反映出断路器动作过程中参量的变化情况等优点，是过去测量断路器机械特性的主要方法。随着电子技术分发展，现已被应用计算机技术的高压开关综合测试仪取替。

计算机技术应用于断路器机械特性的基本原理是：计算机偶同时对多个断口信号进行采样，不停扫描计时，一旦检测到断口信号发生变化，及时停止。原理简单，准确度高，按时需要对仪器具有较高的抗干扰设计，一是周围的强电磁场，可将机箱外壳接大地，另一个感应电压的干扰，可采用光电隔离法。

2. 断路器分合闸速度的测量

断路器的速度参量以其分、合闸速度表示，由于断路器在运动过程中每一时刻的速度不同，一般只关心刚分、刚合速度和最大速度。传统的短路器速度测量原理包括电磁振荡器测速法测量准确，但是一次只能测量一个参数，需要现场组装使用；转鼓式、电位器式测速法，这种方法能直观判断断路器触头整个运动过程有无卡涩和缓冲异常现象，能够粗略测量固有分、合闸时间，缺点为笨重，功能单一，很少使用。

光电测速方法结构简单、可靠，大多数开关测试仪都采用光电传感器，可以对检测到的光信号进行计数或者计时，以实现对触头行程和速度的测量。以此原理制作的仪器，可以给出测试数据、波形图，并将开关行程曲线和断口波形绘制在同一图上，可直观地分析断路器的所测数据是否真实可靠，同时还可发现是否存在某些缺陷和隐患。根据国家电网公司《高压开关设备反事故技术措施》的规定，对于 220kV 及以上的开关设备，应采用示波器一类的可显示波形的设备进行测试。

（1）直线电阻测速。根据断路器的总行程的长度，选配一根适当长度，线性度良好的滑线变阻器，一端接地，另一端接电源，中间滑动端直接坚固地连接到开关动触头（或提升杆）上，随动触头的运动而滑动，变阻器滑片采样变动的电压值，经 A/D 转换后输入到计算机采样，进行数据处理，绘制成时间—电压（即是时间—行程）特性曲线，此曲线与转鼓绘制出的曲线基本相似，再经计算机处理得出试验结果，直线电阻测试接线如图 2-2-4 所示。

这是目前使用较广的一种测速方法，直观，计算机可直接读取结果，也可对时间—行程曲线进行分析，缺点是需要针对不同的开关制作不同的安装支架，并且现场使用也需要

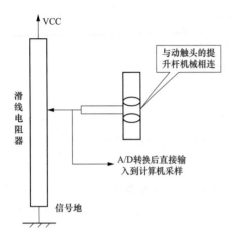

图 2-2-4   直线电阻测试接线图

有较强的安装使用经验。

（2）旋转轴方法测速。有很多种类的 SF₆ 开关，现场可以用来安装测速支架的地方较少或没有（尤其是 GIS 组合电器），以前讲的几种方式都是直型方法测速，因为找不到传感器安装的地方，对这些开关测速就困难了。因此，有些开关制造厂采用在动触头传动杆的旋转轴上测速，也可以相应地绘制出时间—行程曲线，图 2-2-5 为断路器机械特性测试接线示意图。

旋转传感器分为两种，一种是旋转光电编码器，其基本原理同光栅测速；另一种是旋转变阻器，基本原理与直型变阻器相同，也称为角速度传感器。

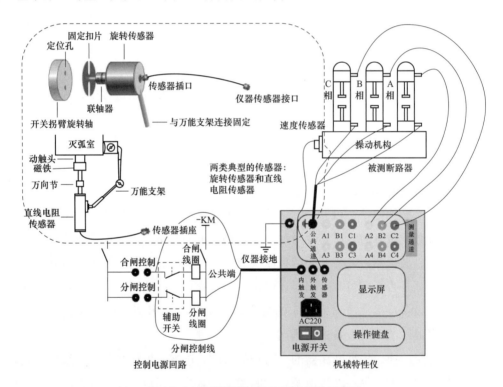

图 2-2-5   断路器机械特性测试接线示意图

（3）测速的未来发展及展望。上述几种测速方法及传感器，不管计算机是否参与工作，都存在现场安装不便问题，开关的检修现场一般停电时间有限，试验项目较多，不可能有很多时间供试验人员反复安装，调整测速支架。这样就给现场测速工作带来了很大的难度。寻找一种现场安装方便，测试快捷的万能通用传感器是仪器制造单位努力的方向。

下面介绍一种加速度传感器，原理如图 2-2-6 所示，顾名思义此种传感器所测的是动触头运动时的加速度信号，需对其进行一系列数学换算，最终得到所需的时间—行程特性曲线。

图 2-2-6　加速度传感器

此种传感器在现场安装方便，只有运动部分，无静止部分，安装和拆卸都很方便，适用于各种类型的开关。目前，此种传感器的关键部件还依赖进口，技术难度较高，国内只有少数个别厂家掌握了该技术，该技术的现场使用还在推广阶段。

三、断路器导电回路直阻测量

断路器内部导电回路包括导电杆电阻、导电杆与触头的连接电阻、动触头与静触头的接触电阻。连接电阻和接触电阻在运行中受接触面氧化、电弧产生的碳化物吸附、接触压力下降、和短路冲击电流的冲击灼伤等影响，往往会发生变化。所以测量的导电回路电阻主要是检测判断接连处和接触处是否良好接触。

动、静触头的接触面动作频繁，且与灭弧介质直接接触，两个接触表面绝非光滑、平整、实际的接触只是点接触，这使得导体中的电流线在点接触处急剧收缩，实际接触面积大大缩小，接触电阻增加，此种原因产生的接触电阻称为收缩电阻；还有一部分增大的电阻称为膜电阻，是由于接触面的氧化、硫化物的吸附等原因在接触导体表面产生的一层薄膜，阻止了电流的通过，使接触电阻增大。接触电阻的存在，使断路器接触电阻温度升高，直接影响正常工作时的载流能力和绝缘介质的使用寿命，也是反映设备安装检修质量的重要数据。

1　回路直阻测量原理

断路器导电回路电阻的测量，是在断路器处于合闸状态下进行的，现在主要采用直流压降法，其测量原理如图 2-2-7 所示，测量结果往往是微欧级。较小电阻值的测量往往双臂电桥测量，但是由于动、静触头接触面上的膜电阻影响，直流电流太小，无法烧熔氧化层，也无法模拟实际运行中点接触电阻的电流收缩现象。双臂电桥产生的测量电流小，测试结果小于实际电阻，误差较大。对此，GB 763—1990《交流高压电器长期工作时的发热》《进口 220～500kV 高压断路器和隔离开关技术规范》等标准均已明确：测试应采用直流压降法，测试电流不小于 100A。《国家电网公司变电检测管理规定》中对主回路电阻的测试电流要求为 100A 至额定电流的任意值，测量结果不大于制造商规定值，或者小于交接试验值的 1.2 倍。

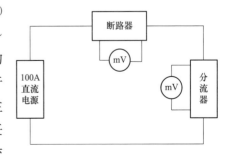

图 2-2-7　电压降法测量原理图

2. 测量的注意事项

（1）专用测试仪测试时，应按说明书进行，应防止断路器测量过程中突然跳闸，产生冲击电动势损坏毫伏表。

（2）测量时应在合闸状态下测量，测试前可将断路器分合几次，消除接触面氧化膜的影响。

（3）断路器如有主、辅触头或并联电阻电容支路，应对辅助触头分别进行一次测量。

断路器试验时，需要拆除一侧接地线、悬挂测试线（电流线、电压线）进行测试，而且在断路器回路电阻测量和机械特测量之间需要仪器倒换仪器和接线，测量接线如图 2-2-8 所示，一次断路器例行试验需要 6 次拆挂一侧接地线、12 次拆挂电流测试线、6 次拆挂电压测试线。

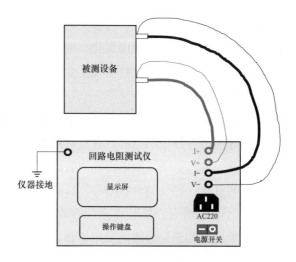

图 2-2-8　主回路电阻测量接线图

第三节　项 目 框 架 组 成

为减少测试时间，提升工作效率，国家电网公司石家庄供电公司研制了断路器综合试验测量新技术，该技术涉及两大试验仪器性能的改进，一是研究了电流法断路器状态测试方法。在断路器两侧接地的条件下，在断路器两端施加恒定电流，断路器分合动作会影响电流大小，引入霍尔理论高精度钳形电流表，直接卡于单侧接地线上，通过监测钳形电流表中电流信号的变化来判断断路器设备分合状态、动作时间，完成断路器动作特性试验工作，实现免拆接地线工作。二是基于恒流源原理集成断路器机械特性及回路电阻综合试验台，通过断路器两侧的接地线，试验仪器输出恒流源，形成闭合电流回路，直接取电压信号，即可得到电阻值。钳形电流表又可测定断路器的分合状态、动作时间，故该技术可同时测试断路器回路电阻与动作特性试验项目。

一、综合试验装置原理

综合试验装置测试原理如图 2-2-9 和图 2-2-10 所示。

如图 2-2-9 所示，R_1、R_2 是地线导体部分电阻以及地线和断路器连接处接触电阻，R_3 是断路器动、静触头接触电阻，GND 是断路器引出端接地点；在高压断路器双端接地的条件下，在开关两端施加恒定电流。当开关在断开状态时，接地线上可以测量到电流 I。当开关接通时，恒定电流将按照接线电阻 R_1、R_2 和开关支路电阻 R_3 分流，地线上电流将变为 I_x，即

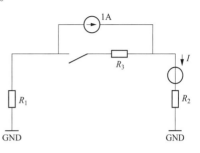

图 2-2-9　断路器双端接地装置示意图

$$I_x = R_3/(R_1 + R_2) \times I$$

由以上公式可以看到开关接通后检测到的电流将会减小，减小的幅度由 $R_1 \sim R_3$ 决定。

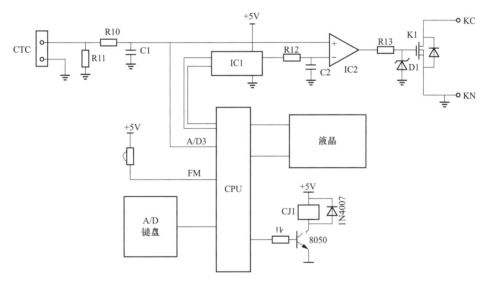

图 2-2-10　断路器电流测试法原理图

二、断路器状态检测装置

利用电磁感应原理，将钳形电流表卡在接地线处（地刀分叉处），通过计算电流的变化，来判定断路器的分合闸状态，并计算固有合闸时间和固有分闸时间。高压断路器的动静触头、与动静触头相连的地刀以及与两地刀相连的地网共同形成通流体，当高压断路器合闸时，上述通流体闭合，采集信号卡钳能够采集到信号，并以此判断为断路器合闸；当高压断路器分闸时，上述通流体没有闭合，采集信号卡钳采集不到信号，并以此判断为断路器分闸。图 2-2-11 所示为断路器电流测试法实物图。

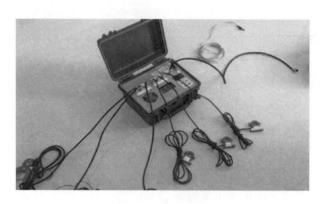

图 2-2-11   断路器电流测试法实物图

采用如图 2-2-12 所示霍尔电流传感器，可以采集到直流电流，并转化为电压。霍尔电流传感器具有微秒级的响应速度，可以真实反映电流变化。通过 R10、R11、C1 将电压取样滤波，一路送到 CPU 进行电压值测量，另一路送入 IC2 运算放大器接成的比较器进行状态比较，将比较结果送入开关 K1 导通或断开。通过 K1 接入开关机械特性测试仪开关状态采集端口，模拟开关开合状态，将信号送入开关机械特性测试仪，完成高压开关的测试。

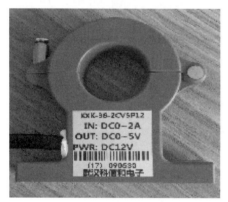

图 2-2-12   霍尔电流传感器

由于测试电流变化，由现场输电线、开关、接地线等多方面因素影响，电流变化量会随机变化，测试前我们在开关合闸和分闸状态，分别测量接地线上的电流转换的电压。测量完成后将两个电压取中值，通过数字电位器设置这个电压作为电压比较器的阈值，当电压越过阈值后比较器电平翻转，驱动 K1 改变状态，实现开关特性的稳定测试。

三、断路器信号源稳定输出装置

双接地开关动作信号采集装置左上区域为恒流试验电源输出端，三个通道电流互相隔离，互不干扰，图 2-2-13 为采用的三通道恒流源实物图。将三组恒流输出分别接到高压开关开口两端；中间位置为三组电流采集输入端，将 3 个开口电流互感器分别接到三相接地线上，采集接地线测试电流；右端航空头为开关信号输出，将 3 相信号分别接到 3 个开关信号采集端口，同时将公共线接到

图 2-2-13   三通道恒流源实物图

开关机械特性测试仪开关信号采集端口的公共端上。最后将开关机械特性测试仪开关驱动信号接开关操作机构，完成接线。

第四节　项目应用及推广实效

一、应用实效

面以常山 2843 开关（型号 LW6-220）、束鹿 192 开关（型号 LW25-126）、新乐东 110kV 开关（ZF10-126）为试验现场，进行了创新方法前后数据对比测试。数据准确度在 0.5％范围内，实现了双端接地情况下的断路器机械特性试验（表 2-2-1、表 2-2-2 中括号内数据为新仪器的测试数据）。

表 2-2-1　　　　　　　　　　合　闸　时　间　对　比

合闸时间型号	A	B	C	不同期
LW6-220	70.0（70.1）	71.3（71.3）	69.5（69.7）	1.8（1.6）
LW25-126	98.2（98.2）	98.2（98.3）	97.7（97.7）	0.5（0.6）
ZF10-126	84.2（84.3）	84.5（84.5）	85.2（85.3）	0.8（1.0）

表 2-2-2　　　　　　　　　　分　闸　时　间　对　比

分闸时间型号	A	B	C	不同期
LW6-220	28.0（28.2）	27.5（27.5）	27.5（27.6）	0.5（0.7）
LW25-126	28.3（28.4）	27.9（27.9）	28.6（28.5）	0.7（0.6）
ZF10-126	31.4（31.4）	31.4（31.5）	30.6（30.9）	1.0（0.6）

自 2017 年下半年以来，该技术成果已应用于河北南网实际工作中（包括组合电器），图 2-2-14 为在组合电器中的应用，自应用以来降本增效显著，极大改进工作方式，已经显著提高劳动生产率，在安全、经济、管理、社会效益方面均有显著成效，对公司发展具有重大推进作用。

图 2-2-14　组合电器中的应用

二、使用成效

1. 安全效益

避免了 15 次上下举杆拆、挂线操作，规避了感应电触电风险和倒杆触电问题，保证了人身和设备安全。该成果符合安规等相关安全生产标准要求，已经过实际应用，实现了免拆地线、零举杆，应用于现有电网运维检修工作安全可靠性很高。

2. 经济效益

将试验时间由 3 小时缩短至 1 小时，试验人员由 4 人缩短至 2 人，劳动生产率由（3h×4 人）/1＝12h/件，提升至（1h×2 人）/1＝2h/件。节约用工成本＝(3－1)h×(4－2)人×80 元/人 h×1300 次＝41.6 万元，增加售电量收益约＝1300 次×2h×3500kW×0.5 元/kWh＝455 万元，累计 2017 年下半年至 2018 年上半年为期一年的使用为企业增加收益 496.6 万元。

3. 管理及社会效益

避免了调控、运维、检修的三方联系，节约了断路器试验工作的停电时间，提升企业内部的管理效能，保证社会用电的可靠供应，树立公司良好形象。

三、推广后成效

该创新成果无须拆除接地线即可进行断路器试验工作，同样也可以应用在组合电器领域。该成果在安全、管理、社会成效方面值得大力推广。在经济方面，在国网系统 27 家网省公司推广，平均计算将节约用工成本约：41.6 万元×27 家＝1123.2 万元，增加售电量收益约为 455 万元×27 家＝12285 万元，合计约 1.3 亿元。

四、市场前景

经科技查新（报告编号 201813b1502075a），该成果在全国范围内尚无同类产品上市，在全国处于领先地位，极具推广价值。该成果操作简单，可复制性强，可批量生产，利于广泛推广应用。

第三篇
四小器试验新技术

第一章 无线直测技术在避雷器泄漏试验中的研究与应用

无线测试技术因其具备配置灵活、测试精度高、安全可靠、环境适应性好、抗干扰能力强等优势，在各行业信息采集、在线监测、实时通信等方面得到了广泛应用。本章概述了基于无线直测技术的避雷器泄漏电流试验发展历程，详细介绍了无线直测技术在避雷器泄漏电流试验中的应用原理，着重研究了项目整体框架组成，并从测试准确性、安全性、自动化水平等多维度进一步论证了避雷器泄漏电流直测仪的应用效果。

第一节 无线测试技术发展历程

一、无线测试技术的定义

无线测试技术，即基于无线通信的测试技术。随着互联网技术的飞速发展与日益成熟，无线通信方式因其不受限于物理连接而得到了广泛应用[2]。其中，蓝牙技术、无限高保真（Wireless Fidelity，WiFi）技术、红外数据通信技术、超宽带技术 UWB（ultra wideband）、ZigBee 技术等都在测温、测流、测距等不同领域得到了应用[3]。

二、无线测试技术发展历程

1. 国际发展历程

1895 年马克尼发明了无线电，开创了无线电波的实际应用价值，无线传输及测试技术主要用于民航广播与通信行业。20 世纪 90 年代以来，无线技术领域发展突飞猛进。爱立信在 1994 年开始研究一种能使手机与其附件之间互相通信的无线模块，4 年后，爱立信、诺基亚、IBM 等公司共同推出了蓝牙技术，主要用于通信和信息设备的无线连接。蓝牙产品的出现使得基于短距离无线通信技术的各种测试装置得到了研究与应用[4]。

2. 国内发展历程

20 世纪 90 年代，为解决测温点数多、位置分散、测量点与观测点距离较远等问题，无线测温系统的研究与开发开始得到关注[5]。同时，为了克服大多数测站缆道信号通道时常接触不良引起的无水面、河底信号问题，无线测流信号传输装置也得到了开发[6]。无线传输与测试技术在地质勘探与地震观测领域也有所应用。2000 年以来，无线测试技术在测距、测频、测速、测压等测试层面得到了大力推广。随着国内无线通信技术的日益成熟，数据传输具备高稳定性、强抗干扰性、速度快、效率高等优势，为其在电力系统中的落地应用奠定了坚实的基础。

3. 无线测试技术的应用基础

（1）无线测温。在电力系统中，无线测温装置用于检测母线、电力电缆、高压线路、高压开关柜、电抗器等电力设备运行温度[7]。在农业领域，无线测温装置广泛应用于现代温室以保证土壤或室内空气温度。除此之外，测温技术还广泛应用于煤堆反应、现代炼钢技术及混凝土施工等各个行业[8]。

（2）无线测流。随着水文科技化、现代化的快速发展，水文测验自动化程度越来越高，基于无线通信技术的渠道在线测流系统能够为渠道水资源分配提供必要的数据支持。

（3）无线测距。在汽车制造行业中，无线测试技术也被用于车辆与路侧设备距离测试及各项定位技术中。

综上所述，无线测试技术在避雷器在线监测与分析、电压/电流信号采集与检测等方面也得到了初步应用，并具备实际应用效果[9]。上述研究成果为本章节无线直测技术在避雷器泄漏电流试验中的应用提供了理论依据。

第二节　无线测试技术原理

无线测试装置虽然种类繁多、功能各异，但其一般都由采样模块（传感器或仪表等）、接收模块、数据传输模块及数据分析模块四部分组成。其中，采样模块对被试品进行数据采集，通过数据传输模块（即无线通信模块）将所采信息传递至接收模块，而后由数据分析模块进行计算判断，示意图如图 3-1-1 所示。

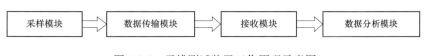

图 3-1-1　无线测试装置工作原理示意图

第三节　无线测试技术在避雷器泄漏电流试验领域的研究

一、诞生历程

作为电力系统重要组成设备，避雷器能够有效限制系统过电压，从而保证电力设备安全运行。目前，防雷保护中应用的避雷器主要有普通阀式避雷器、磁吹避雷器、金属氧化物避雷器。其中，金属氧化物避雷器（MOA）由于具备良好的非线性性能和较大的通流容量，在电力系统中基本已经取代了其他类型的避雷器，得到了广泛应用。

避雷器在制造过程中存在缺陷、在运输和安装过程中受损、运行中受潮老化等都可能导致避雷器在运行过程中出现故障。避雷器运行故障导致的事故屡有发生，因此，对避雷器进行预防性试验极具必要性。

金属氧化物避雷器试验预防性试验包括绝缘电阻测试、直流泄漏电流试验、运行电压下交流泄漏电流测量。通过测量绝缘电阻，可以发现避雷器内部受潮及瓷质裂纹等缺陷；测量直流泄漏电流与测量绝缘电阻的原理基本相同，不同之处在于直流泄漏电流试验的电压一般比绝缘电阻表电压高，并可以任意调节，因而比绝缘电阻测试更具有效性；运行电压下 MOA 交流泄漏电流的测试结果可以在一定程度上反映 MOA 的运行状态。

避雷器直流泄漏试验方法理论研究较为成熟、测试仪器装置也丰富多样且技术趋于成熟。利用分压电阻与微安表集成避雷器直流泄漏辅助装置，能够有效解决常规法临时接入试验避雷器可能导致的人员触电风险。基于 ZigBee 无线通信技术的新型直流泄漏电流测量终端也得到了应用。直立可伸缩的测试辅助工具，在满足测试时使高压引线与避雷器外壳成垂直角度，并使高压引线与避雷器本体保持充足的距离。然而，已有研究难以同时兼顾避雷器直流泄漏试验中测试值精准度与试验数据通信实时性。

为解决上述问题，有效应对我国经济水平飞速发展带来的电网规模迅速扩张、变电站数量激增的挑战，本章提出了基于无线直测技术的避雷器泄漏电流试验方法。针对当前避雷器泄漏电流试验中存在的干扰因素多、危险性高、操作难度大、仪器自动化水平低等问题，设计了一种加装绝缘支撑装置和自动绘制伏安曲线模块的基于蓝牙无线通信技术的测试仪，有利于提升测试准确性和便携性，大大提高了试验效率与安全性。

二、各部件结构及功能设计

高压泄漏电流无线直测仪整体硬件框架设计主要包括：①绝缘支撑装置，实现引线空中转向；②无线测试装置，实现数据无线传输；③自动绘制伏安曲线模块，试验仪器新增状态诊断功能。

该仪器利用蓝牙无线传输、自动控制、电力电子、绝缘结构设计、程序设计等领域的成熟技术，对高压泄漏电流测试仪、高压无线微安表、绝缘支撑装置进行优化整合，提高现场试验操作的自动化水平，简化试验流程。同时，将泄漏电流数据的无线测取技术外延，在升压过程中自动测取电压及相应泄漏电流值，最终完成伏安特性曲线绘制，从而根据伏安特性发现设备隐藏缺陷，提高试验功效和对设备的状态分析水平。

1. 绝缘支撑装置

自主研发的三点绝缘支撑装置，代替了将原来的工作人员手举绝缘杆这一传统模式，并适用于各种型号的避雷器。

该装置由金属挂钩、可调式绝缘支架、绝缘杆转向连接头组成。依靠挂钩、固定于试品外瓷套的可调式绝缘支架、被试品，实现绝缘杆的自主支撑，如图 3-1-2 所示。

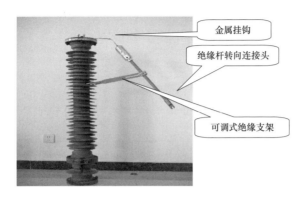

图 3-1-2　绝缘支撑装置

上端设置挂钩（根据设备尺寸不同，挂钩设计了四种），用于固定在试品顶部接线端子（例如：避雷器接线板的螺丝处）。其下端绝缘杆转向连接头固定在设备外瓷套上，高压测试引线夹在距试品 0.5m 外的连接头处，以减少杂散电流。其侧面设有一个倾斜的可调式绝缘支架，角度可调，支架外端为一弧形撑板，三者共同形成对引线的"三点支撑"，从而将引线撑离试品表面。绝缘支架与主杆之间的张开角度可调整，以适用于不同电压等级的避雷器。可一次性快速完成对引线与附近物体的距离、角度调整。

高压泄漏电流无线直测仪现场测试方法如图 3-1-3 所示。

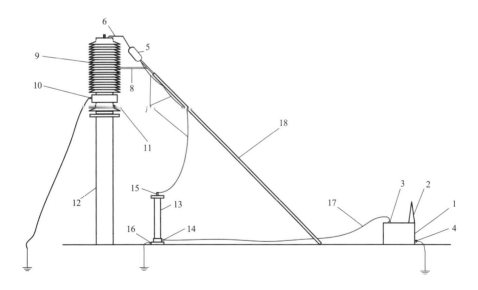

图 3-1-3　现场接线示意图

1—高压泄漏电流无线直测仪主机；2—无线信号接收装置；3—电源输出口；4—主机接地端子；5—无线微安表；6—金属挂钩；7—高压测试引线；8—绝缘支架；9—试品瓷裙；10—试品接地端子；11—试品基座；12—试品支架；13—高压直流发生器；14—高压直流发生器电源输入口；15—高压直流发生器高压输出端子；16—高压直流发生器接地端子；17—电源引线；18—绝缘支撑部分

2. 无线测试装置

无线微安表的研发采用采样电阻、单片机、通信模块实现数据采集及传输，无线微安表原理如图 3-1-4 所示，电流采样电路如图 3-1-5 所示。

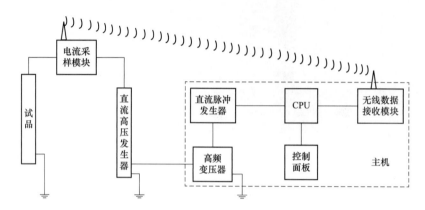

图 3-1-4   高压无线微安表原理图

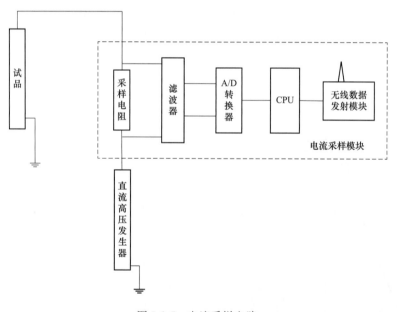

图 3-1-5   电流采样电路

仪器设有自动升压、过压过流整定、自动打印功能，自动化程度较原有设备大幅提高，实现多重、有效的安全闭锁，试验操作更加安全高效。

国内首创利用蓝牙技术，实现了高压泄漏电流数据的无线传输，解决了强电磁干扰对蓝牙通信影响的技术难题，图 3-1-6 为现场应用效果。

图 3-1-7 为自行研制新型高压无线传输微安表实物图，将其与传统的绝缘杆相结合，设置在被试设备的顶端，无线传输、直接测取试品高压端泄漏电流值，以此获取最直接、

最准确的数据。从源头消除引线对构架、墙壁的杂散泄漏电流对测试结果的影响。

图 3-1-6　泄漏电流数值无线传输

图 3-1-7　高压无线传输微安表实物图

有别于普通智能手机的蓝牙技术，在 110、220kV 的高压下，变电站现场会存在很大的电磁干扰。为克服强电磁干扰，通信模块采用了 2.4G 高频蓝牙数传模块，该无线通信模块具有较强的信号，在空旷地带传输可以达到 1000m 距离，具有较强抗干扰能力。无线微安表和通信技术在成果中的结合应用，有效提高了数据测试的准确性。

3. 自动绘制伏安曲线模块

高压泄漏电流无线直测仪在升压过程中，自动测取不同电压下的电流值，在数据处理程序中，创新性地加入伏安曲线绘制功能。通过分析试品的伏安特性曲线，很容易发现其绝缘缺损、裂纹、受潮等缺陷，从而使高压泄漏电流测试仪首次实现对设备的状态分析功能，图 3-1-8 为仪器主机和伏安曲线。

对于仪器材料选择、结构尺寸等工艺控制规范具体如下：

（1）无线微安表采用金属铝屏蔽，不受电磁干扰影响，实现数据准确性。

（2）绝缘支撑装置采用环氧树脂材料来起到绝缘支撑的作用，绝缘性良好。

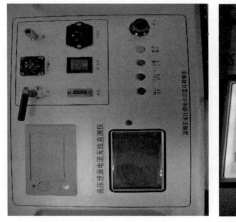

图 3-1-8   仪器主机和伏安曲线

（3）新型直测仪器采用模块化设计，具备无线传输、角度调整简单、自动升压降压、绘制伏安特性曲线、自动打印等功能。

第四节   无线测试技术在避雷器泄漏电流试验领域的应用

一、技术优越性

1. 具备广泛适用性

目前，高压泄漏电流无线直测仪已应用于各类现场、各个电压等级变电站主变压器、避雷器、电缆等设备的交接、例行试验及事故抢修工作，图 3-1-9 为现场使用照片。

图 3-1-9   现场使用照片

2. 提高测试准确性

通过测试，所研发的上置微安表、数据无线传输的方法达到了预期目的，基本消除了高压测试引线杂散电流对测试结果的影响，得到真实流过避雷器阀片的泄漏电流，测量数据稳定可靠，真实反映避雷器设备的状态。并实现数据无线直采，避免人工读数产生的误差。

高压泄漏电流无线直测仪试制成功后，先后在 220kV 兆通站旧设备区等多个变电站试验现场对进行实践验证，采用传统仪器和新仪器进行多次对比试验。数据如表 3-1-1 所示。

表 3-1-1　　　　　　　　　　　　测 试 数 据 对 比 表

序号	试验电压（kV）	创新前（μA）	创新后（μA）	偏差（%）	试验地点
1	147.5	1030	1000	3	220kV 兆通站
2	151.5	1025	1000	2.5	220kV 医药站
3	150.1	1031	1000	3.1	110kV 冶河站
4	152.3	1042	1000	4.2	110kV 石桥站

从测试数据我们可以看到，当电压提高后，避雷器侧电流小于直流发生器侧电流。通过分析认为，减小部分即为高压测试引线对地杂散电流，无线微安表测得电流为试品的实际泄漏电流。

3. 提升试验安全性

独创的自主式支撑结构可以方便地将高压测试引线连接、固定到试品上，而绝缘支撑杆也能实现自稳定，消除了倒杆风险，从而省去 1 名举杆人员。测试过程中试验人员无须靠近升压设备，消除了触电风险。安全性得以提高。

使用三角形固定的绝缘支撑装置后，高压测试引线通过可靠的绝缘支撑，与周围物体保持足够距离，从而无须考虑对地、槽钢架构、墙体的影响，无须在 ABC 之间倒相接线调整角度、距离等，大大方便了现场试验工作，图 3-1-10 显示绝缘支撑装置使用前后对比，效果明显。

(a) 使用前　　　　　　　　　　　　　(b) 使用后

图 3-1-10　绝缘支撑装置使用前后对比

4. 提升试验自动化水平

自动控制技术、过压过流整定技术的应用，使得在测试避雷器时可以实现避雷器的 1mA 参考电压测量以及 75％参考电压下泄漏电流的自动升压、降压测量、数据自动打印工作。同时，也减少 1 名记录数据人员，操作人员点击按钮操作后，由于仪器可自动化测量，该操作人员也可转为监护人员。

5. 提升作业高效性

使用三角形固定的绝缘支撑装置，无须再做空升试验，可以很方便地调节角度、距离，无须来回挪动仪器，节约了工作时间。以试验一组三支 220kV 避雷器为例，使用后，试验人员无须挪动仪器，试验接线一次完成。该试验原来需要 4 人（1 人操作、1 人监护、1 人记数、1 人举杆）、2h，现在仅需 2 人（1 人操作、1 人监护）、1h 完成，提高了工作效率，创新前后效果对比如表 3-1-2 所示。

表 3-1-2　　　　　　　　　　　　使 用 前 后 效 果 对 比

类别	创新前	创新后
试验人数	4 人	2 人
总体试验时间	2h	1h
仪器升压情况	人工手动	全自动
数据记录情况	手工记录	自动打印
仪器准确度（受环境影响）	低	高

6. 提升操作便携性

高压泄漏电流无线直测仪采用小型化设计，因此本成果在性能提升的同时，更便于携带，为现场测试及应急诊断提供了便利，图 3-1-11 显示了仪器在提升前后小型化方面的对比。

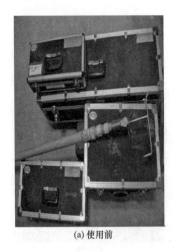 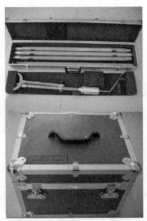

(a) 使用前　　　　　　　　　　　　　(b) 使用后

图 3-1-11　仪器提升前后对比

二、安全效益与推广前景

目前，高压泄漏电流无线直测仪已在本单位全面推广。该成果受到全国总工会、省公司领导以及系统内专家的一致认可。该成果六项国家专利已被受理，其中包括三项发明专利，三项实用新型专利。

该成果对于主变压器、避雷器、电缆等微小泄漏电流的设备的试验更加具有实际意义。上述设备均为小泄漏电流设备，其高压线杂散泄漏电流将会占用相当的比例，采用原有测量方法将会产生非常大的测量误差。因此采用该成果将会取得非常好的效果。

高压泄漏电流无线直测仪的应用，极大地降低了安全风险、提高了工作效率、减少了试验人员，同时使得试验现场愈加整齐规范，取得了良好的应用效果。

1. 安全效益

原来试验人员在测试泄漏电流时，需要有专人手扶绝缘杆以固定防止倒杆。成果使用后，取消了举杆人员，作业人员远离加压设备，引线支撑更加稳定，安全性大大提高，安全效益大幅提升。即：取消＋远离＋稳定＝安全。

2. 推广前景

新型仪器解决了诸多问题，实现了高压泄漏电流数据的无线传输。该成果应用范围广泛，可用于主变、避雷器、电缆等设备的交接、例行试验工作。功能较传统设备大幅提升，并产生显著的安全效益、经济效益，特别适用于电力部门、大型设备厂家、工矿企业、用户等，因此具有很大的推广价值。

第二章 无线传感技术在容性设备相对介损领域的研究与应用

相对介质损耗因数和电容量比值的检测能够很好地反映容性电气设备绝缘大部分受潮、整体绝缘缺陷等缺陷，因此受到广泛运用。这一检测是在设备正常运行条件下开展的，不受设备停电的限制，可以在设备运行时随时开展。本章将通过介绍容性设备相对介损检测领域测量发展的历程，重点剖析无线传感技术在容性设备相对介损领域的研究与应用，阐述无线传感容性设备相对介损测量仪器的结构及应用实效，无线传感技术应用后在很大程度上解决了传统有线测试仪器带来的技术弊端。

第一节 容性设备相对介损研究的目的和发展历程

一、容性设备相对介损研究的目的

变电站中运行着大量的电容型设备，这些设备的绝缘结构都可以看成是由多个电容器单元串、并联组成，主要包括电容式电流互感器、CVT、套管、耦合电容等。容性设备数量庞大，占变电设备总数的 40%～50%，它们能否安全运行关系到电力系安全稳定。据统计，大部分容性设备事故都是源于设备绝缘缺陷不能及时消除，缺陷不断扩大进而演变成局部放电甚至绝缘击穿，所以能否及时发现容性设备绝缘缺陷、尽早安排检修消缺，对于保障电网安全具有重要意义。

长期以来，电网企业采取预防性试验来诊断变电设备的绝缘状况，按照固定周期对设备进行停电检修试验。这种方式的优点是有利于防止设备严重损坏，提高设备可用系数，降低设备故障停用损失；可以加强电力生产计划性，有利于本地区电力的统一调度；有利于合理利用检修资源和推行专业化集中检修。但随着电力设备的大容量化、高电压化、结构多样化及密封化，这种传统的简易诊断方法已经很难满足要求，主要表现在试验时需要停电、试验周期长、试验时间集中、工作量大，以及预防性试验施加的电压远低于工作电压，一般在 10kV 及以下，试验条件与运行状态相差较大，因此就不易诊断出被试设备在运行情况下的绝缘状况，在现场曾多次发生预防性试验合格后不久设备发生事故。近年来，全国多次出现了油纸电容式电流互感器介损超标问题，由于数量大无法及时更换及处理，被迫选择延长停电时间或短时间继续运行，严重影响了系统的安全可靠性。对于容性设备，积极推广应用带电检测技术，研究开发在线监测装置，实时监测运行中容性设备的绝缘状态，及时发现绝缘异常的电气设备，并适时安排检修工作，不但可减少停电时间、延长停电例行试验周期，降低试验的工作量，还可为状态检修深入开展提供数据支持。

目前容性设备在线监测主要测量介损值、电容量。测量介质损失角正切值（tan）可以灵敏地发现电气设备绝缘整体受潮、绝缘劣化以及局部缺陷。据统计，容性设备缺陷中，由于绝缘受潮导致的缺陷占到 85.4%。通过电容分布强制均压的电容型绝缘结构，对绝缘利用系数较高，绝缘受潮往往导致介质损耗增加，最终造成热击穿。绝缘劣化反应在绝缘性能上的变化有几个基本特征：绝缘劣化时介质损耗值逐渐增加，最终导致绝缘热击穿，测量 tan 可以检测其变化趋势；绝缘中可能存在局部放电和树枝状放电的发生，也会引起介质损耗的增大，通过测量 tan 也可以反映由此种缺陷引起的介损值变化；绝缘劣化导致其特性受温度变化的影响增大，绝缘的温度系数决定于绝缘本身的形式、大小和绝缘状况，对于特定的电压等级和绝缘设计，由于绝缘劣化导致温度系数的增加，tan 值的温度非线性和灵敏度都会增加，因而影响绝缘温度的所有因数（介质损耗、环境温度、负载变化等）对老化了的绝缘 tan 值的影响更加显著。对于电容性绝缘的设备，通过其介电特性的检查可以发现尚处于比较早期发展阶段的缺陷。大量研究证实，如果在缺陷初始阶段测量泄漏电流和介质损耗因数，分析两者变化值会得到的同样的结果，灵敏度都很高，但是在缺陷发展后期，通过测量泄漏电流和电容量，更容易判断缺陷的严重程度。在遵循现行的状态检修体制下，积极采取状态监测及故障诊断技术，即可及时发现运行中容性设备的绝缘缺陷，避免故障，提高电力系统的供电可靠性，又可延长停电试验周期，降低生产成本。

二、容性设备相对介损研究发展历程

随着我国计算机技术、电子技术的飞速发展，电气设备绝缘的带电监测与在线监测技术发展已经有三十多年的历史，技术上日臻完善，对运行中的高电压设备，能够进行包括绝缘、机械和热效应参数的在线监测或在线检测（又称带电测试）。设备绝缘特性参数主要包括：运行电压下流过绝缘设备的末屏泄漏电流、设备电容量、介质损耗因数 tan 等。然而监测过程中，由于外界干扰严重以及受自身器件精度的影响，测量精度一直是待解决的问题。随着我国经济的快速增长，国家对科研开发的投入逐年递增，传感技术和计算机技术的日益成熟，绝缘在线监测精度得到进一步提高，各种在线监测终端相继产生，在变电站内得到一定的应用。

随着我国智能电网战略的提出，智能变电站建设已经成为电力企业近几年重点课题。因为容性设备在变电站内所占的数量巨大，所以容性设备在线监测技术一直受到电力部门的高度重视。容性设备介质损耗因数 tan 在线监测技术成为研究工作的重点和热门。目前，我国智能变电站容性设备在线监测装置在变电站内已得到广泛应用，但投入运行的在线监测装置运行效果并不理想，相对于变压器油色谱在线监测等产品类型，能正常运行、正确判断设备缺陷的少之又少，尤其是早期运行的装置大部分已因系统瘫痪而不得不退出运行。容性设备在线监测产品的推广应用受到很大限制，主要是由于对影响测量精度、影响对测量结果分析判断的某些关键技术问题未能得到彻底解决。例如需要通过提高传感器的抗电磁干扰、抗环境影响能力，从而提高测量数据的稳定性、可靠性；检测算法上需要克服的电压谐波、电网频率波动等因素影响，从而提高监测数据的准确度。

为降低停电和维修费用，解决电网的发展与检修之间的问题，近年来，随着新技术的发展和检修制度的探索性改革，国家电网公司提出状态检修这一概念。状态检修的主要特点是利用各种在线监测和带电检测等技术，对运行中的设备状态、变化趋势进行科学预测和评估，做出是否需要检修的决定。采用状态检修可以防止因检修不及时而导致的突发故障和避免不必要检修造成的浪费，是变电设备检修的发展方向。但实施状态检修的前提条件，就是必须具有对运行设备状况的特征量的在线监测手段。随着计算机技术及电子技术的飞速发展，实现电气设备运行的自动监控及绝缘状况在线监测，并对电气设备实施状态检修已成现实，近年来，国内外都在研制各种带电测试仪，进而发展在线监测装置，在线和带电检测取代离线是一种必然趋势。

第二节　容性设备带电检测理论原理

电介质在电压作用下，由于电导和极化将发生能量损耗，统称为介质损耗，对于良好的绝缘而言，介质损耗是非常微小的，然而当绝缘出现缺陷时，介质损耗会明显增大，通常会使绝缘介质温度升高，绝缘性能劣化，甚至导致绝缘击穿，失去绝缘作用。

在交流电压作用下，电容型设备绝缘的等值电路图和相量图如图 3-2-1 所示。流过介质的电流 I 由电容电流分量 I_c 和电阻电流分量 I_r 两部分组成，电阻电流分量 I_r 就是因介质损耗而产生的，电阻电流分量 I_r 使流过介质的电流偏离电容性电流的角度称为介质损耗角，其正切值 $\tan\delta$ 反映了绝缘介质损耗的大小，并且 $\tan\delta$ 仅取决于绝缘特性而与材料尺寸无关，可以较好地反映电气设备的绝缘状况。此外通过介质电容量 C 特征参数也能反映设备的绝缘状况，通过测量这两个特征量以掌握设备的绝缘状况。

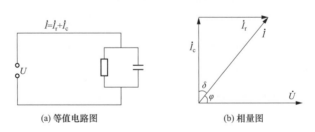

(a) 等值电路图　　　　　　(b) 相量图

图 3-2-1　电容型设备绝缘的等值电路图和相量图

电容型设备介质损耗因数和电容量比值带电检测按照参考相位获取方式不同可以分为绝对测量法和相对测量法两种。TV（CVT）为电压互感器简称，TA 为电流互感器简称。

一、绝对测量法

绝对测量法是指通过串接在被试设备 C_x 末屏接地线上，以及安装在该母线 TV 二次端子上的信号取样单元，分别获取被试设备 C_x 的末屏接地电流信号 I_x 和 TV 二次电压信号，电压信号经过高精度电阻转化为电流信号 I_n，两路电流信号经过滤波、放大、采样等数字处理，利用谐波分析法分别提取其基波分量，并计算出其相位差和幅度比，从而获得被试设备的绝对介质损耗因数和电容量，其原理如图 3-2-2（a）所示。

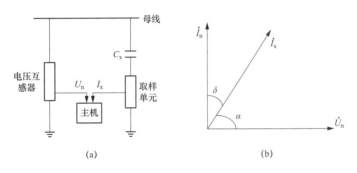

图 3-2-2　绝对测量法原理图

图 3-2-2（b）是利用 TV（CVT）的二次侧电压（即假定其与设备运行电压 U_n 的相位完全相同）作为参考信号的绝对值测量法向量示意图，此时仅需准确获得设备运行电压 U_n 和末屏接地电流 I_x 的基波信号幅值及其相位夹角，即可求得介质损耗 $\tan\delta$ 和电容量 C_x，如式（3-2-1）和式（3-2-2）所示。

$$\tan\delta = \tan(90 - \alpha) \tag{3-2-1}$$

$$C_x = I_x\cos\delta/\omega U_n \tag{3-2-2}$$

绝对值测量法尽管能够得到被测电容型设备的介质损耗和电容量，但现场应用易受 TV（CVT）自身角差误差、外部电磁场干扰及环境温湿度变化的影响。

二、相对测量法

相对测量法是指选择一台与被试设备 C_x 并联的其他电容型设备作为参考设备 C_n，通过串接在其设备末屏接地线上的信号取样单元，分别测量参考电流信号 I_n 和被测电流信号 I_x，两路电流信号经滤波、放大、采样等数字处理，利用谐波分析法分别提取其基波分量，计算出其相位差和幅度比，从而获得被试设备和参考设备的相对介损差值和电容量比值。考虑到两台设备不可能同时发生相同的绝缘缺陷，因此通过它们的变化趋势，可判断设备的劣化情况，其原理如图 3-2-3（a）所示。

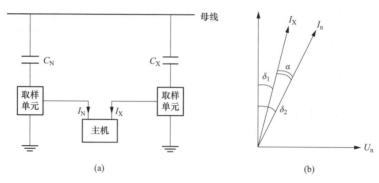

图 3-2-3　相对测量法原理示意图

图 3-2-3（b）是利用另一只电容型设备末屏接地电流作为参考信号的相对值测量法的向量示意图，此时仅需准确获得参考电流 I_n 和被测电流 I_x 的基波信号幅值及其相位夹角 α，即可求得相对介损差值 $\Delta\tan\delta$ 和电容量 C_λ/C_n 的值，见式（3-2-3）和式（3-2-4）。

$$\Delta\tan\delta = \tan\delta_2 - \tan\delta_1 \approx \tan(\delta_2 - \delta_1) = \tan\alpha \tag{3-2-3}$$

$$C_\lambda/C_n = I_\lambda/I_n \tag{3-2-4}$$

相对介质损耗因数是指在同相相同电压作用下，两个电容型设备电流基波矢量角度差的正切值（即 $\Delta\tan\delta$）。相对电容量比值是指在同相相同电压作用下，两个电容型设备电流基波的幅值比（即 C_λ/C_n）。

三、相对测量法的优点

绝对测量法需要从 TV 低压侧获取电压参考信号，受 TV 固有角差及 TV 二次负荷的影响，导致该方法测量结果的准确性和稳定性很难满足要求。采用相对值测量法能够弥补绝对值测量法的不足。首先外部环境（如温度等）、运行情况（如负载容量等）的变化所导致的测量结果波动，会同时作用在参考设备和被试设备上，它们之间的相对测量值通常会保持稳定，故更容易反映出设备绝缘的真实状况；同时，由于该方式不需采用 TV（CVT）二次侧电压作为基准信号，故不受到 TV 角差变化的影响，且操作安全，避免了由于误碰 TV 二次端子引起的故障。

首先将要做的是基础数据的测量，将所有容性设备介损差值做好记录。当下次再一次测量时，所得测量数据与上一次的基础数据做对比，如发现数据变化很大，则认为所测的这两台设备其中一台发生了故障。

第三节　无线传感技术在容性设备相对介损试验领域的应用方案

一、常规容性设备相对介损试验方案

常规的取电容型设备末屏接地电流试验方法有：接线盒型取样法和有源传感器（穿芯

TA）方法，我们在实际带电检测中发现了其存在不能够安全测试和便携灵活的"痛点"：

接线盒型取样单元如图 3-2-4 所示，其痛点为：

（1）设备安全上：整个末屏（或低压端）接地回路由于串入了刀闸等节点，存在断路风险，容易造成 CT 末屏开路产生高电压，给设备安全运行带来隐患。

（2）人员安全上：现场测试时，由于需要操作刀闸断开末屏接地，存在操作不当造成末屏（或低压端）失去接地的风险。对人员安全造成隐患且操作复杂。且需配备专人监护和呼唱，浪费人力，图 3-2-5 为接线盒型取样单元测试方法。

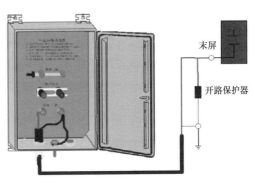

图 3-2-4　接线盒型取样单元

图 3-2-5　接线盒型取样单元测试方法

（3）接线盒本身使用寿命上：接线盒长期暴露在户外，存在螺丝锈蚀的问题。长期发展可能测试盒损坏严重，需要定期更换维护。

图 3-2-6　有源传感器型取样单元

有源传感器型取样单元如图 3-2-6 所示，其痛点为：

（1）使用寿命上：由于其内部采用了放大器等电子元器件，其可靠性及寿命稍差。

（2）校验上：测试系统的定期校验较为困难，需要把每一个取样单元连同试验仪器都进行校验，数量庞大，且传感器安装在现场难以校验。

（3）测量精度上：由于每台设备的接地电流都通过传感器进行测量，从而引入了更多的测量误差，降低了测量的准确度。

（4）后期维护上：传感器型取样单元更换时候需要设备停电。

试验中使用的旧的有线测试仪器也存在以下问题：

（1）测试线需要往返收放，如遇到被测设备与基准设备距离较远时，还需另接测试线。人员工作量大；

（2）测试线长，人员错误甩线容易造成线临近带电设备，危及人员和设备安全；

（3）如果测试线不通，将会导致断点处有高电压，危及测试人员安全；

（4）天气炎热或天气潮湿时候，仪器液晶显示容易不灵敏，有线设备容易出现乱码情况，影响测试。

二、采取的改进方案

利用先进通信技术实现传输无线化、先进传感技术实现数据精密化、利用先进软件技术实现仪器便携化，我们通过不断的改进，保障了安全，保证了测试准确度，保证了效率，通过"三化"实现了"三保"，改进思路如图 3-2-7 所示。

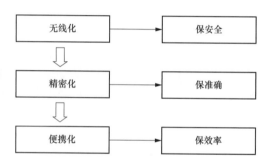

图 3-2-7   改进思路

针对上节提出的常规取电容型设备末屏接地电流试验方法我们逐步进行了三代改进：

第一代无线测试仪如图 3-2-8 所示：针对有线测试的种种缺点，我们首先采用无线传输形式代替有线测量，制作出第一代无线传感介质损耗带电测试仪。采用无线传输的形式，组建带电测试测量系统，由无线基准单元、无线测量单元以及主机组成，可根据现场环境灵活布置，试验过程中，无须长距离放线与收线，大大减少了测试接线的工作量，也减小了测试线导致的测量误差。

经实际测试存在以下问题：一方面，无线传输存在数据不通畅的问题；另一方面仍需从带电测试盒直接截取末屏电流。

第二代无线测试仪如图 3-2-9 所示：针对第一代无线的产品，我们又对无线传输装置进行改进，研发出来第二代无线传输产品，解决了数据传输问题，并将仪器集成在统一的测试箱内，方便工作携带。经现场测试，数据测试传输正常，符合实际使用条件，大大减少了测试接线的工作量，提高了测试准确度及安全性。

经实际测试存在以下问题：无线传输数据不准确的问题得以解决，但依然存在测试时需从带电测试盒直接获取末屏电流的问题。

图 3-2-8　第一代无线测试仪

第三代无线测试仪接线图如图 3-2-10 所示。

（1）为了解决上一代产品仍然需从带电测试盒直接截取末屏电流的缺点，我们使用了高精度传感器获取末屏电流，卡钳式传感器满足带电测试的使用条件，取样简单，无须打开接线盒型取样单元，不会对电气设备正常运行产生任何不良影响，也杜绝了人身的安全问题。

图 3-2-9　第二代无线测试仪（一）

图 3-2-9　第二代无线测试仪（二）

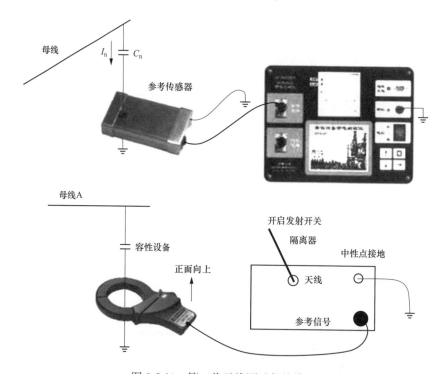

图 3-2-10　第三代无线测试仪接线图

（2）针对无线传输存在数据不准确的问题，在高精度传感器上增加了屏蔽盒，新仪器的可用性大大提高了。

（3）针对上几代产品设备的屏幕在低温下乱码的问题，使用军用级显示屏保证了显示质量，提高了设备软件适用范围。

第三代无线传输绝缘测试仪硬件上（以下简称测试仪）是由主机、无线传输装置，采样装置等组成，实物图如图 3-2-11 所示。利用无线电子技术，GPS 北斗搜星定位实现时间同步。测试仪现场测试，用锂电池供电。测试仪主要针对高压运行中设备绝缘状态进行测试。一般情况下不受现场环境限制。测试仪属巡检式，对高压运行设备进行实时监测，具有抗干扰，测试速度快，精度高，数字化、操作简明方便等特点。

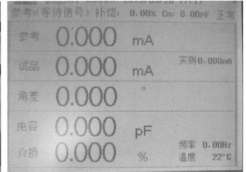

图 3-2-11　第三代无线传输绝缘测试仪硬件实物图

三、成果主要创新点

（1）本创新使用了高精度传感器获取末屏电流，卡钳式传感器如图 3-2-12 所示，在无需打开末屏电流测试盒的情况下，可以准确获取末屏电流，实现带电准确检测容性设备绝缘性能。

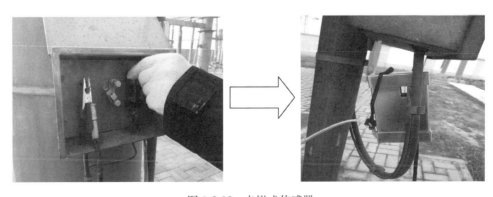

图 3-2-12　卡钳式传感器

（2）屏蔽盒的使用大大提高了新仪器数据传输的可靠性。

（3）军用级显示屏的引入，彻底解决了温度对显示屏乱码的影响，大大提高了设备软件在现场的适用范围。

图 3-2-13　设备现场测试效果图
GPS 北斗搜星定位实现时间同步。

四、成果应用中采取的安全控制措施

本创新使用了高精度传感器获取末屏电流，卡钳式传感器卡在外露的屏蔽线上，取样简单，无须打开末屏电流测试盒，不会对电气设备正常运行产生任何不良影响，也杜绝了人身的安全问题，现场测试效果如图 3-2-13 所示。

五、成果具体应用方案

第三代无线传输测试仪（以下简称测试仪）内部结构组成示意图如图 3-2-14 所示。利用无线电子技术，测试仪现场测试，用锂电池供电。

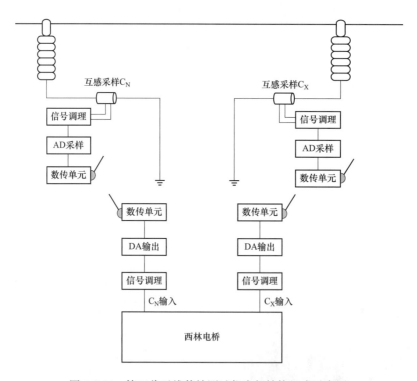

图 3-2-14　第三代无线传输测试仪内部结构组成示意图

采样信号由有线传送改为无线传送，线圈端增加信号调理、AD 转换、数传单元，设备端增加数传单元、DA 转换，第三代无线传输测试仪内部硬件功能如图 3-2-15 所示。

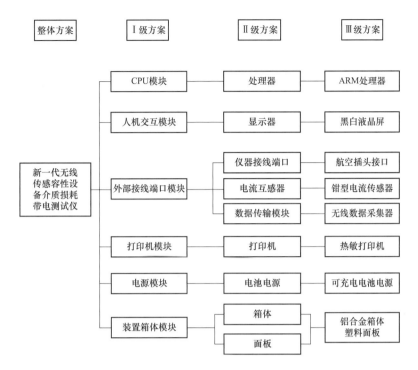

图 3-2-15　第三代无线传输测试仪内部硬件功能图

六、使用方法

1. 校准

每次（每个站）试验前应进行系统校准。

将仪器放置于较大交流线缆处（如 220V 检修电源箱）接线，开机。将两个钳型电流表传感器夹入同一条交流线缆，保持两个传感器位置平行，使之处于相同的磁场干扰下。等待 45s 数据稳定后，在校准位置点击■键 1s 以上，一起发出 4s 响声，校准数据被记忆。

备注： 成功校准后，页面右上角应处于"校准"状态，而非"正常"状态。

2. 接线

设置参考量：补偿设置为相应的基准介损，单位设置为％；C_n 设置为相应的标准电容。

参考量接线：将参考量发射器放置于参考位置（基准）待测对应相，将参考电流传感器夹在 TA 末屏接地线上，方向为"彩色标签背向大地"，将传感器装入屏蔽盒内并盖好，固定好胶皮套，屏蔽盒接地。

试品接线：将主机放置于待测相，将主机电流传感器夹在 TA 末屏接地线上，其余操作同上。

3. 测量

仪器接线完成后，设置"试品名称"，即回路编号、相别（如 A283）。

等待数据。页面显示"等待信号",大概 1～3min,参考信号增强(参考电流量增大),数据不断变化,待数据相对稳定(变化小,且上下浮动),即可记录、保存数据。

保存数据。移动"→"选择存储(移动过程中数据锁定),点击"■确定"进入存储页面,点击"存储"即保存此数据页面的数据,命名为开始设置的"试品名称"。

第四节　项目应用案例和推广前景

一、成果适用范围

该成果技术在容性设备带电试验专业领域内属首创,人员无须操作带电测试盒内部,人员再无触电危险。测试数据准确无差别,实现了传输无线化、数据精密化、仪器便携化,保障了安全,保证了准确度,保证了效率。特别适合在电网 TA 带电扫查测试中推广使用,带电检测现场如图 3-2-16 所示。

二、项目应用案例

今年开始带电测试班组使用研发的新仪器对所辖变电站进行电流互感器测试,对新方法和旧方法做了比对。具体数据如下:

图 3-2-16　带电检测现场图(一)

图 3-2-16　带电检测现场图（二）

1. 220kV 电流互感器数据对比

220kV××站，以 212 回路电流互感器为基准，输入介损 0.2％，电容量 772pF，测试数据如表 3-2-1 所示。

表 3-2-1　　　　　　　　　　　新无线仪器和旧有线数据对比

测试时间	测试方法	283A 相		283B 相		283C 相	
		介损（％）	电容（pF）	介损（％）	电容（pF）	介损（％）	电容（pF）
2018.8.10	有线型测试	0.16	771	0.20	761	0.22	777
2018.10.12	无线型测试	0.17	773.2	0.221	764.0	0.222	779.3

另外一座 220kV××站测试 212 回路电流互感器为基准，输入介损 0.24％，电容量 877pF。数据对比如表 3-2-2 所示。

表 3-2-2　　　　　　　　　　　新无线仪器和旧有线数据对比

回路号	相别	2018.3.7（有线仪器）		2018.2.27（无线仪器）	
		介损（％）	电容（pF）	介损（％）	电容（pF）
201	A	0.22	890	0.23	896.5
	B	0.22	867	0.19	867.4
	C	0.20	836	0.20	841.3
242	A	0.15	884	0.15	890.7
	B	0.22	865	0.20	871
	C	0.22	841	0.21	847.7
211	A	0.26	868	0.21	873.8
	B	0.24	841	0.24	848.1
	C	0.33	865	0.34	872.3
202	A	0.15	854	0.13	860.1
	B	0.24	870	0.25	876.9
	C	0.22	831	0.23	837.4

续表

回路号	相别	2018.3.7（有线仪器）		2018.2.27（无线仪器）	
		介损（%）	电容（pF）	介损（%）	电容（pF）
213	A	0.33	921	0.35	928.8
	B	0.36	913	0.40	919.6
	C	0.39	890	0.44	896.8

2. 110kV 电流互感器数据对比

110kV××站测试，以回路 147 电流互感器为基准，输入介损 0.26%，电容量 751pF。数据对比如表 3-2-3 所示。

表 3-2-3　　　　　　　　　　　　　新无线仪器和旧有线数据对比

回路号	相别	2018.3.7（有线仪器）		2018.2.27（无线仪器）	
		介损（%）	电容（pF）	介损（%）	电容（pF）
141	A	0.22	641	0.20	645.7
	B	0.30	673	0.30	679.4
	C	0.28	660	0.27	666.8
142	A	0.24	780	0.23	786.3
	B	0.24	743	0.24	748
	C	0.28	771	0.26	777.1
143	A	0.19	709	0.17	714.2
	B	0.19	525	0.21	531.9
	C	0.26	660	0.28	665.2
101	A	0.19	855	0.15	861
	B	0.22	842	0.20	847.2
	C	0.24	794	0.23	799.1
111	A	0.19	889	0.18	893.4
	B	0.22	832	0.17	837
	C	0.24	766	0.20	770.9

从两个电压等级三组电流互感器采样数据对比可以看出，新无线仪器和有线数据相比差别小，可以满足测试要求。

通过使用新仪器对所管辖变电站电流互感器的抽样测试，结合新、旧两种方法的结果比对，新的测量方法在保证可靠性与安全性的前提下，取得了良好的应用效果。

三、推广前景

1. 成果产生的安全、经济效益

该成果技术在专业领域内得到了较好的应用，人员在采集测试时，只需用卡钳钳住末屏接地线，即可实现测量，人身和设备的安全性大大地提高了。测试数据准确无差别。试验时间由原来的 2.5h 到 1.5h。试验人员由 4 人节省到 3 人，此装置操作简便，能安全、

准确、快捷地对高压运行中容性设备绝缘状态进行测试，提高了容性设备带电测试工作的工作效率和安全性。

2. 推广潜力

本仪器因为数据传输无线化、测试精密化、仪器便携化特别适合在电网容性设备带电扫查测试中推广使用。

也适合在以后物联网建设中把容性设备带电监测数据接入运检物联网管控综合系统平台。在泛在电力物联网建设中，该新一代无线仪器通过无线传输可以向改为运检物联网管控平台传输实时数据如图 3-2-17 所示，为形成站内容性设备状态全面感知智慧系统进行了有益探索，方便以后泛在物联网感知层获取容性设备数据，可接入性强可扩展性好。

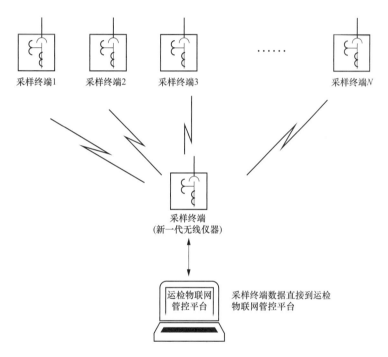

图 3-2-17　新一代无线仪器可作为采样终端上传无线数据

第三章 装配式电容器组配平试验新方法研究与应用

第一节 项目研发目的与意义

并联电容器是一种在电力系统中应用十分广泛的电气元件，主要用于补偿电力系统感性负载的无功功率，居整个补偿装置容量的首位，其安全运行对于整个电力系统的稳定、正常供电起着非常重要的作用。随着电网规模的日益扩大和负荷需求的不断增加，且接入电网的负荷大多是电感性负荷，功率因数较低，这将会影响供电能力，导致电力系统的电能损耗增加，输电线路的电压降增大等不良后果，因此需要对系统进行电压及无功的调节，避免不良后果的产生。

电容无功补偿设备的可用率成为一项重要的生产指标。在各种无功补偿设备中，采用高压并联电容器进行无功补偿是改善功率因数最常用的方式，该种补偿方式具有投资小，有功功率损耗小，运行维护方便的特点。高压并联电容器主要用途是补偿电力系统中的感性无功功率，提高功率因数，改善电压质量，降低线路损耗，其性能良好能够在工频交流额定电压下运行且能承受一定的过电压。应用中可根据实际需要对若干电容器串、并联组成，容量可大可小，既可以集中使用、又可以分散安装在用户处或靠近负荷中心的地点，实现无功功率就地补偿，且可分相补偿，可随时分组投切，此外，改变容量方便，还可以根据需要分散拆迁到其他地点，运行灵活，维护方便。

但高压并联电容器是满载运行设备，额定电流较大，长时间运行后易出现电容元件的老化，老化使得电容器油的绝缘电阻降低，一方面使得绝缘油过热分解产生大量的气体使箱壁塑性变形，另一方面油箱随温度变化而发生膨胀，形成明显的鼓肚现象。发生鼓肚的电容器已经不能修复需要及时更换，否则将导致单台电容器发生爆炸甚至是群爆，给电网安全运行造成影响，同时高压并联电容器还要承受操作过电压及系统内谐波成分的影响，造成设备缺陷率较高。

高压并联电容器在长期运行中，由于缺陷、故障较多，根据国家电网公司统计，国家电网公司系统内 35kV 及以上变电站并联电容器仅 2018 年上半年就发生故障 10356

台次，其中 500kV 变电站 1715 台次、330kV 变电站 333 台次、220kV 变电站 3434 台次、110kV 变电站 3957 台次、66kV 变电站 250 台次、35kV 变电站 667 台次。由此可见，电容器故障主要集中在 110kV 及以上高电压等级变电站中，均为电网中的重要变电站。

定期对电容器组进行例行试验，通过电容量测试，一是检查电容器是否存在受潮老化现象及局部缺陷，二是将测得的电容量进行配平计算，避免压差或相间保护误动作，具有十分重要意义。

但是目前随着变电站数量的逐年增多，加之电容量数量繁多导致电容器配平测试工作量增多与人员不足之间的矛盾日益加大，因而需要改进现有测试方法，进一步提升工作效率。

第二节 项目成果理论依据

一、电容器组配平试验流程

针对装配式电容器组配平试验实际工作情况，梳理试验流程图，如图 3-3-1 所示。

二、电压电流法

电压电流表法测量电容器的试验原理接线如图 3-3-2 所示。当被测电容量小于 $10\mu F$ 时，电压表按图 3-3-2 中实线接线，电容量大于 $10\mu F$ 时，按虚线接线。

测试前，对待试电容器充分放电并接地。拆除待试电容器所有接线和外熔断器。根据待试电容器的电容量和测试电压估算测试电流，选择电流表和电压表的挡位。检查试验接线和调压器零位、表计初始状态，拆除接地线。合上电源，加压试验。读取记录试验电压、电流值后立即将调压器降到零位，

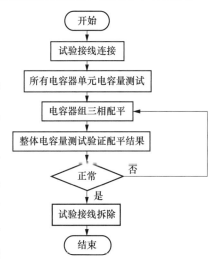

图 3-3-1 电容器组配平试验流程图

切断电源。计算待试电容器电容量，计算式为

$$C_x = \frac{I}{\omega U_s} \times 10^6$$

式中：C_x 为待试品的电容量，μF；ω 为角频率（$\omega = 2\pi f = 314$），rad/s；I 为测试电流，A；U_s 为测试电压，V。

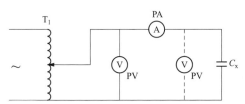

图 3-3-2 电压电流表法测量电容器的试验原理接线图
T_1—单相调压器；C_x—待试电容器；
PA—电流表；PV—电压表

三、电容电感测试仪法

使用电容电感测试仪进行电容量测量的接线示意图如图 3-3-3 所示。

测试前,对待试电容器逐只充分放电并接地。将测量仪器的电压输出测试线连接到电容器组的高压侧及中性点侧两个汇流排上。将钳形电流传感器套在被测试的单台电容器套管处。若测量电容器组的总电容量,则将钳形电流传感器套在电容器组的高压侧汇流排上即可(电压输出测试线内侧)。检查试验接线正确后,拆除待试电容器接地线。合上仪器电源,按仪器操作手册进行测量。完成试验记录,对待试电容器进行放电并接地,拆除试验接线。

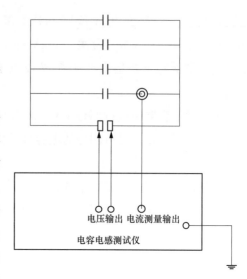

图 3-3-3   电容电感测试仪接线示意图

四、电流互感器二次侧短路法

对于 35~110kV 变电站无功补偿配置,国家能源局、国家电网、南方电网等相继出台标准明确要求容性无功补偿装置的容量按照主变容量 10%~30% 配置,并满足 35~110kV 主变压器最大负荷时,其高压侧功率因数不低于 0.95。对于安装在变电站的并联电容器的接线形式主要分为星形接线和三角形接线两种。由于三角形接线电容器在故障时容易引发安全事故,现行并联电容器组在 35kV 及以下等级电网中主要采用星形接线方式。

当单组容量较大时,双星型中性不平衡电流保护可以快速、灵敏反映并联电容器组中某不对称故障,因此变电站往往采用双星型并联电容器主接线方式。由于双星型并联电容器采用中性线不平衡电流保护,因而在变电站投运前的调试阶段以及规程中的周期性运维时,需要对电容器组每相并联单个电容量、每相星型电容量、每相总容量逐一进行测量,以确保电容量偏差在规定范围内以及造成不平衡电流小于保护整定值。为提高双星型电容器调试效率,提升调试、运维检修阶段的安全性以及保障调试准确性可以首先分析双星型并联电容器组中性点不平衡电流保护接线原理。建立归算到一次侧电流互感器的等效电路,分析电磁式电流互感器因二次侧开路情况下,造成电流互感器饱和对器件本身及测量影响,并建立计及中性线电流保护的双星型并联电容器电容测量等效电路图。基于 MATLAB Simulink 仿真工具,建立双星形并联电容器与中性线不平衡电流保护互感器等效电路模型,对比分析了理想线性电流互感器和考虑饱和效应的电流互感器对电容器组测量回路电压与电流的影响。最后,对比分析采用二次侧短路与双星型中性线短路对测量结果、测量效率、测量安全性的影响，得到采用双星型中性线短路快速测量方法。

　　为说明检测过程中测量电容器容量时中性线上电流互感器对线路的影响，按图 3-3-4 所示原理在 MATLAB Simulink 中建立了双星形并联电容器与中性线不平衡电流保护互感器构成的等效电路模型。其中测量电源电压按现场测量仪器工作电压 U 设置为 220V，频率为 50Hz 的正弦电压。每个电容器电容量值为 $22\mu F$，每相由 8 只电容量相同的电容构成，总容量共计 $176\mu F$。根据电容电流的计算公式，计算得到通过单相电容器的电容理想电流峰值 I，即

$$I = 2\pi f \times C \times U = 12.16A$$

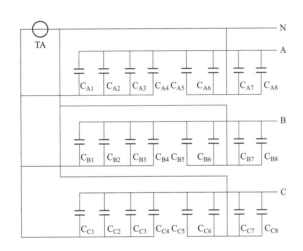

图 3-3-4　双星型并联电容器组中性点不平衡电流保护接线原理图

　　为说明电磁式电流互感器饱和效应的影响，在 Simulink 分别建立了容量均为 50VA 的线性电流互感器和饱和电流互感器进行对比。整个仿真模型的系统仿真时间步长为 $50\mu s$，仿真时间长度为 0.1s。

　　星形并联电容器中性线串接的不平衡电流保护用电磁式电流互感器将影响电容量的测量回路。特别是在调试或者停电检修过程中，二次侧往往处于开路状态，电流互感器因饱和与电容器发生振荡，使得测试电源输出的电流值远超实际现场空气开关的保护电流阈值，造成保护跳闸、电流互感器绝缘损坏等无法问题。对于双星型电流互感器的测量，首先考虑对电流互感器二次侧进行短路时对测量影响。由于电流互感器二次侧短路时，归算到一次侧的等效电阻 R 以及等效电感 X 值远小于激磁电阻 R_m 和激磁电感 X_m，在短路情况下中性线上电流绝大部分流过二次侧，将降低电流互感器激磁回路对电流互感器影响。图 5 给出了电流互感器在二次侧短路时电源输出的电流波形，此时电源输出最大电流为 12.18A，略大于理想电容电流值（12.16A）。图 3-3-5 还给出了一次侧电压波形，尽管电压波形部分具有一些毛刺等，但由于其峰值电压为 0.17V，电流互感器二次侧因短路对电容器测量回路的影响已经明显降低。

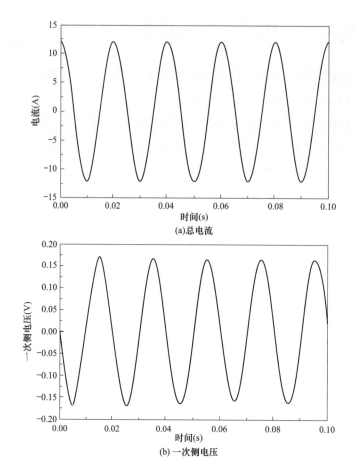

图 3-3-5   电流互感器二次侧短路时电源输出总电流与一次侧电压波形

五、试验数据分析和处理

（1）电容器组应测量各相、各臂及总的电容量。对于框架式电容器，应采用不拆连接线的测量方法逐台测量单台电容器的电容量。电容器组的电容量与额定值的相对偏差应符合下列要求：

1）容量 3Mvar 以下的电容器组：−5％～10％。

2）容量从 3Mvar 到 30Mvar 的电容器组：0％～10％。

3）容量 30Mvar 以上的电容器组：0％～5％。

（2）且任意两线端的最大电容量与最小电容量之比值，应不超过 1.05。

（3）单台电容器电容量与额定值的相对偏差应在−5％～10％之间，且初值差不超过±5％。对于带内熔丝电容器，电容量减少不超过铭牌标注电容量的 3％。

六、存在问题

电力电容器是一种电力系统常用的无功补偿设备，用于补偿变电站主变压器和高压输电线路的无功损耗，减少电能在传输过程中的损耗，在稳定系统终端输出电压和提高功率因数能方面发挥显著作用。但目前传统的电容器组例行试验方法存在一定的安全问题及效率问题需要加以改进。

（1）电力系统中重要的无功补偿设备，因此变电站中数量繁多，仅一座 220kV 变电站中电容器数量就将近两百台，大量的电容器组需要进行例行试验，导致工作量巨大。

（2）不管采用电压电流法还是电容测试仪法，目前电容器组电容量的测试工作存在测试线多且乱，导致作业现场混乱不整齐。

（3）由于电容器数量多而导致测试数据多，在进行电容量配平环节时，人工配平计算量大且容易出现错误等问题。

（4）装在高处的电容器间隔还需要工作人员攀爬设备进行接线，容易发生误碰和高摔等风险。

（5）电流互感器二次侧短路法是近年来测试方法的一项创新，但是该方法虽然实现对变电站的双星型并联电容器组电容量的快速准确测量，保证现场操作人员的安全同时降低因忽视电流互感器开路状态时绝缘风险，提出在电流互感器二次测短路来消除测量影响，但是该方法十分具有针对性，仅限于双星形接线的电容器组，而对于三角形接线的电容器组则起不到作用。

可见我们不仅要研究方法的突破，更要研究设备的改进与创新。

七、试验新方法理论依据与改进方法

通过对以上三种方法的分析，发现电容电感测试仪法操作简单，而且适用于各种接线方式的电容器组。但是存在一定的问题，于是决定在该方法的基础上进行改进。

现场测试线多且乱，如果可以有效减少试验测试线，可以保证现场整齐，避免接线错误等问题。

由于装配式电容器布置较高，而钳形电流表无法进行远程操作，因此需要工作人员反复登高攀爬移动测试每个电容器的电容量。大胆设想，如果钳形电流表可以机械化操作，无须人工反复攀爬而是站在地面即可完成接线，不仅保证了工作人员的人身安全，避免了高摔风险。

目前配平计算阶段仍停留在手算、借助手机或计算器简单计算阶段，工作方式落后，自动化程度低。若编写全自动数据处理程序，应用于现场仪器或现场平板电脑中，则无需进行三相电容量配平计算，同时仪器自动配平生成的方案准确性将大大提高。

综上所述，确立了三大解决方案：一是要引入数据无线蓝牙传输系统，将有线的钳形电流表改为无线钳形电流表，减少试验接线；二是在钳形电流表底端加入无线伸缩绝缘杆，避免工作人员攀爬接线；三是加入全自动数据处理程序，避免人工手动计算配平。

第三节　项目架构组成

一、联动伸缩操作杆

目前，传统的试验仪器中，电容器配平试验测量除去夹在两端的电压线以外，还有钳形电流表的电流测试线。由于一些电容器安装在高处，为保证可以满足较长的测量距离，该线往往较长，导致移动不便和现场接线较乱。为此，提出设想，将传统的测试线改为可伸缩式操作杆，不仅减少了接线，而且对于高处接线，作业人员无须攀爬，仅仅站在地面举杆即可。

1. 联动伸缩操作杆需求

（1）该操作杆集成 35kV 以下电压等级验电器和绝缘杆的绝缘性能，保证工作人员人身安全。

（2）该操作杆采用高绝缘材质且每节杆体无任何导电连接，以保证杆体绝缘安全。

（3）该操作杆采用下大上小的笋型结构设计，由下至上逐步伸缩，将整体重心调整至下节主杆上，操作过程中不会出现末端重物导致操作费力情况，提高操作稳定性。

（4）该操作杆采用快速连接结构，头处可以与无线钳形电流表紧密连接，并且对于无线电流表可以起到很好的支撑作用。

（5）该操作杆可以控制钳形电流表的开合，以便测量。

2. 联动伸缩操作杆设计与实现

将传统伸缩绝缘杆进行改造，如图 3-3-6 所示，借鉴自行车手闸原理，将钳形电流表固定于操作杆杆头部，利用机械传动原理，即可实现人员地面操作手闸分合，即可远程控制操作杆头部机械部件运动，从而控制钳形电流表分合，实现远程操作钳形电流表开合的目标。

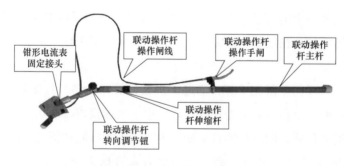

图 3-3-6　联动伸缩操作杆

联动伸缩操作杆最开始制作长度为 3.6m，为保证可以测量安装位置较高或者间隔狭小的电容器组，工作人员设计了伸缩结构，两节伸缩杆完全打开可达 4m，加上操作人员身高、臂展，工作范围可达 6m，可实现目前公司所有高度电容器的测试工作。

此外，还设计联动操作杆转向调节旋钮，即操作杆可实现头部 90°弯曲，对于接线柱头向上的电容器组也同样适用。

二、无线钳形电流表

由于引入伸缩操作杆后，其头部固定结构部分与钳形电流表安装过程中，容易因钳形电流表操作线缠绕等原因造成操作卡涩等问题。此外，接线过多也容易导致现场混乱，因此引入无线钳形电流表。

1. 无线钳形电流表研制思路

将原有的一体式钳形电流表设计为分体式组合测量的无线钳形电流仪。无线网络使用 2.4G 高频蓝牙模块，实现数据的传输。

（1）无线钳形电流在 150m 范围以内，可以实现数据的可靠传输。

（2）改变常规钳形电流表的一体设计，钳形互感器与伸缩绝缘杆有线连接，测量端与显示屏分离设计，使用灵活。

2. 蓝牙技术数据传输性能分析

基于蓝牙技术的无线数据传输过程主要由传输层协议来管理，该层负责蓝牙设备间对方位置的确认，以及建立和管理蓝牙设备之间的物理与逻辑链路。除此之外传输协议又可细分为底层传输协议和高层传输协议 2 个重要部分。底层传输协议侧重语音与数据无线传输的实现，主要包括射频、基带和链路管理协议 3 个部分；高层传输协议主要包括逻辑链路控制与适配层协议和主机控制器接口，其主要功能包括：为高层应用程序屏蔽诸如跳频序列选择等底层传输操作；为高层应用程序的实现提供更加有效和易于实现的数据分组格式。为了实现高层应用，高层传输协议提供了更加有效和易于实现的数据分组格式。其中较重要的逻辑链路及适配协议负责将基带层的数据分组转换为便于高层应用的数据分组格式，并提供协议复用和服务质量交换等功能。通信设备间物理层的数据传输连接通道就是物理链路，为此蓝牙协议定义了 2 种类型的链路：同步面向连接链路和异步无连接链路（asyn-chronous connectionless link，ACL）。蓝牙皮可网采用分组形式进行数据传输，基带层给出了 2 种分组格式：一种是蓝牙协议 1.0 中规定的标准分组格式，主要由接入码、分组头和有效载荷 3 部分组成；另一种是蓝牙协议 2.0＋EDR 版本提出的增强型数据分组格式，将其原有分组格式的有效载荷部分分成同步码、净荷和尾码 3 个部分，保留了原有的接入码和分组头 2 个部分，数据部分采用相移键控（phase shift keying，PSK）调制方式，并在数据分组中引入了保护周期。

3. 无线钳形电流表设计与实现

其工作原理与传统有线钳形电流表相同，区别在于加入蓝牙传输模块，可将测量数据无线传输至测试主机。实际图片如图 3-3-7 所示，应用后图片如图 3-3-8 所示。

图 3-3-7　无线钳形电流表　　　图 3-3-8　无线钳形电流表与联动伸缩操作应用效果图

三、自动配平程序

1. 自动配平程序设计与实现

主机蓝牙数据接收模块在接收到无线钳形电流表传送的测试数据后，可以迅速计算出电容量数值。在主机中加入自动配平程序模块，依据模块化设计，按照数据采集与计算的要求，编写程序，使仪器可以自动配平测量数据，迅速得到配平方案。即根据《国家电网公司输变电设备状态检修试验规程》，参照电容器组三相电容量整体互差 $[(A-B)/B\times100\%]\leqslant2\%$ 标准，制定各项电容器组电容器交换方案，遵循最少调整改变各组电容量总数值来得到三相平衡。

结合对策实施一中的钳形电流表，其整体工作原理如图 3-3-9 所示。

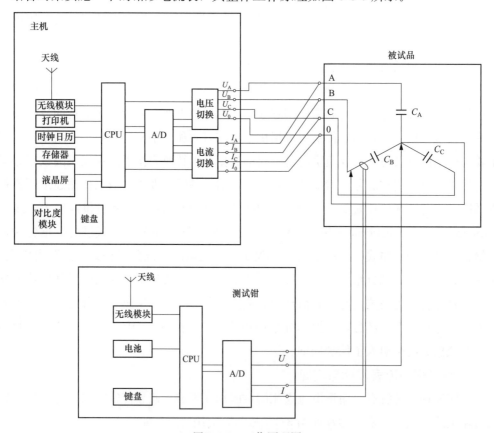

图 3-3-9　工作原理图

2. 自动配评议试验流程

引入自动配平程序后，测试流程如图 3-3-10 所示。

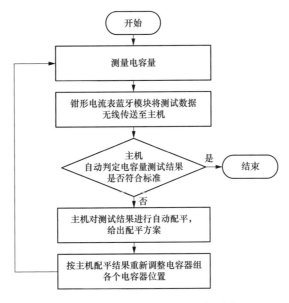

图 3-3-10 自动配平仪测试流程图

第四节 项目应用及推广实效

一、现场应用验证

由于无线钳形电流表的引入有蓝牙传输模块，因此需要对其测试精度进行验证，在实验室选取 50 组电容器单元进行测试，并计算误差结果，判定误差结果是否在允许范围内。测试数据与误差如表 3-3-1 所示，误差直方图如图 3-3-11 所示。

表 3-3-1　　　　　　　　50 组电容器单元测试数据与误差

序号	标准数据 (μF)	测试数据 (μF)	误差 (%)	序号	标准数据 (μF)	测试数据 (μF)	误差 (%)	序号	标准数据 (μF)	测试数据 (μF)	误差 (%)
1	24	23.74	−1.08	10	36	36.23	0.65	19	15	15.28	1.88
2	24	23.87	−0.54	11	36	36.15	0.42	20	39	39.44	1.12
3	44	44.15	0.34	12	27	27.31	1.15	21	18	17.97	−0.19
4	14	13.87	−0.9	13	45	45.17	0.37	22	29	28.69	−1.06
5	12	11.94	−0.48	14	28	27.88	−0.42	23	28	27.88	−0.42
6	30	30.13	0.42	15	20	19.81	−0.95	24	47	46.87	−0.27
7	36	35.96	−0.1	16	39	39.28	0.71	25	43	42.52	−1.11
8	30	29.7	−0.99	17	47	46.97	−0.07	26	17	16.8	−1.16
9	44	44.08	0.18	18	23	23.17	0.73	27	36	36.02	0.06

续表

序号	标准数据(μF)	测试数据(μF)	误差(%)	序号	标准数据(μF)	测试数据(μF)	误差(%)	序号	标准数据(μF)	测试数据(μF)	误差(%)
28	25	25.4	1.59	36	29	29.48	1.66	44	27	27.26	0.97
29	23	23.05	0.2	37	30	29.81	−0.63	45	20	20.26	1.31
30	14	14.22	1.59	38	17	17.07	0.41	46	23	22.69	−1.34
31	35	34.99	−0.02	39	34	33.91	−0.27	47	39	39.12	0.3
32	32	32.02	0.08	40	16	15.93	−0.43	48	40	40.14	0.35
33	42	42.29	0.69	41	16	15.79	−1.29	49	27	27.07	0.25
34	41	40.77	−0.57	42	33	32.67	−0.99	50	19	19.05	0.27
35	32	31.97	−0.09	43	28	28.09	0.31				

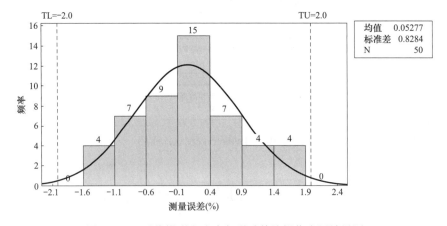

图 3-3-11　无线钳形电流表与联动伸缩操作应用效果图

综合以上分析，无线钳形电流表测量误差不大于2%，方案可行。

电容量无线测试配平仪按照现场测量数据，系统会自动计算然后给出配平方案，A、B、C三相分别按照程序序号进行组合，同时给出不平衡度的数值。在保证三相平衡度更佳的同时，省去人工计算，提升工作效率。电容量自动配平仪的如图3-3-12所示，操作界面如图3-3-13所示。

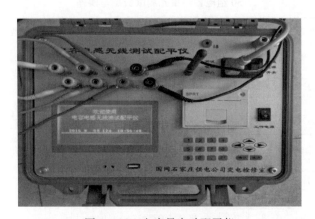

图 3-3-12　电容量自动配平仪

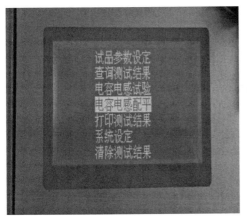 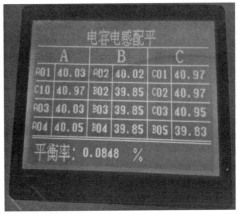

图 3-3-13　电容量自动配平仪操作界面

电容量无线测试配平仪对策实施后，所有电容器单元测试完毕后配平计算时间、配平方案实施后搬运调整次数统计表如表 3-3-2 所示。

表 3-3-2　　仪器自动配平后配平计算时间、方案实施后搬运调整次数统计表

序号	变电站	配平电容器单元（个）	搬运调整次数（次）
1	平山站	36	0
2	许营站	24	0
3	赵县站	24	0
4	铜冶站	30	0
5	鹿泉站	36	0
6	大河站	30	0
7	罗庄站	24	0
8	韩通站	36	0
判定	对策目标实现		对策目标实现

综合以上分析，配平仪可以完成 36 组以内的电容器单元配平工作、配平方案实施后搬运调整次数均为 0 次。自动配平程序可靠有效。

二、电容器配平试验新方法效益

此次新方法为公司带来了巨大活动效益。首先，在安全方面，作业人员无需反复攀爬接线，避免了高摔风险，安全效益显著。其次，在经济方面，应用后，每次试验工作由原来的 4 人 126min 减少至 2 人 72min，单组装配式电容器配平试验试验由原来的 126 分钟减少为 72 分钟左右即可完成，节约了成本。2020 年应用至今就已经有 80 组电容器组进行例行试验，再加上效率提高后，每次工作提前送电，活动期内多售电量收益＝80 次×（126/60−72/60h）×3500kW×0.52 元/kWh＝13.104 万元，投资成本合计 4000 元，合计经济效益 12.704 万元。在社会效益方面，该项成果可以显著缩减电容器配平试验时间，减少停电时间，提高供电可靠性，提升了公司优质服务水平，提升了企业形象和社会满意

度，为促进社会和谐发展贡献了力量。

三、推广前景

在推广前景上，该成果应用于生产实践中，取得了可观效果，成果操作简单，可复制性强，可批量生产，可广泛在电力行业以及拥有装配式电容器的铁路、煤炭、钢铁等行业中推广和应用。

第四篇
变电站创新技术应用

第一章　站用电源运维管控技术

针对现阶段站用电源运维人员配置少，工作密度高、现有运维手段无法对直流系统进行有效实时监测，不能及时发现存在隐患的充电模块、绝缘监测模块、单体蓄电池等设备。核容试验不及时，致使蓄电池容量得不到保障，严重影响直流系统安全的问题。分析了现有各种可行的变电站远程运维系统建设方案优缺点，从实际需求出发，开发了站用电源运维管控系统。

第一节　变电站直流电源简介

一、直流电源远程监控现状

国内直流电源远程监控与运维技术，主要集成在监控系统产品上。远程监控系统的应用水平大致可分为初、中、高三级。初级应用（看告警、看设备运行数据）已经全部实现；大部分处于中级应用水平（查询历史数据报表、打印相关的告警报表、辅助进行蓄电池放电试验）；高级应用（根据设备运行数据，实现早期预警、故障诊断）尚在开发阶段。在远程控制方面，国内由于无人值守变电站的大规模应用，不少省市公司都已进行了变电站电源远程监控技术的有意尝试，但是大多数系统"只监不控"，个别系统具备一定远程控制能力，但受限于系统架构和通信网络，其控制的实时性和安全性无法满足要求。在智能分析方面，从目前的应用情况来看，主流的监控系统仍然是将告警信息进行简单的文字罗列和分类显示，缺乏事件预判等智能技术支撑。参考文献提到的各种优化方式大多处于研究阶段，实用化的系统不多。专家研判仍处于简单的匹配阶段，综合分析等能力还比较薄弱，智能化程度不高。

综上，在直流电源远程监控与运维技术上，目前的产品仅具备初级应用相应功能，监控智能化水平相对较低。为了进一步提高远程监控智能化水平，需要依靠大数据、人工智能等现代化信息技术，研究设备异常或故障的演进过程，深入挖掘设备故障的动作规律和发展趋势，实现设备运行状态的早期预警及故障诊断。

二、站用电源运维研发必要性

直流系统在变电站中占有极其重要的地位，是电网安全稳定运行的重要保障，为开关、刀闸等一次设备及继保安自等二次设备提供电源，一旦故障，极易造成电网解列、大范围停电等恶性事故，对于经济社会发展和民生保障产生不利影响。目前，直流系统整体性缺乏运维人员维护，相对工作强度较大，并且存在站端各监控分散、台账数据检索困难、设备数据缺乏深度挖掘、现有运行维护方式无法实现对直流系统高效实时管控，因此无法及时得知存在问题的充电单元、绝缘监测单元、单体蓄电池单元等设备隐患。核容试验状态量信息感知无法获取，导致直流系统蓄电池供应容量不足，进而对直流系统运行安全产生一定的影响。

通过建立智能化站用电源运维系统，有效收集各站端直流电源运行数据，一方面实现全景展示和集中管控，另一方面通过集中存储与大数据分析，为设备全寿命周期运行维护奠定基础，为站端电源设备与云端互联互通搭建组网基础，实现与泛在电力物联网其他后台及中台体系对接。

第二节　站用电源运维系统

一、技术架构

本系统首先研究远程监控云平台相关的设备配置、部署方式，信息流等在内的系统架构方案，提出电源专业边缘物联代理设备设计方案；其次将基于设备运行数据、历史数据、试验数据、缺陷数据、消缺数据等建立早期预警、故障诊断模型最后开发满足运维人员需求、安全可靠、操作友好的远程监控云平台。

站端服务利用 485 和 can 协议收集直流设备相关监控信息，变电站直流电源监控云平台服务器部署在省地市级公司，站端上位机通过 61850 协议上传至集控站，集控站得到的数据通过正向隔离上传到业务中台，变电站直流电源监控云平台服务器从业务中台调用直流系统监控数据，系统架构如图 4-1-1 所示。

二、主要功能

站用电源运维系统在功能设计上应覆盖后台监控系统的监控范围，运维系统不仅为运维人员提供日常远程运维功能，也支持远程实时监视设备状态。按照此思路设计的站用电源运维系统主要功能如下。

1. 实时数据监测

实时获取站内交流、直流、UPS、通信电源等设备的状态信息，数据采集频率小于 3s，可进行远程参数阈值设置修改。每个站点实时监控画面通过主运行图的方式展现，可以直观地看到主开关的状态及主要设备的运行数据，管控中心界面如图 4-1-2 所示。

2. 电池管理

对蓄电池组状态量和模拟量实时监视，通过蓄电池电池状态、单体电压、内阻、温度判断蓄电池组健康水平分布及健康发展趋势，可将连续变化的蓄电池信息生成历史信息变化曲线，结合状态量的时标，将状态量变为历史信息变化曲线上不连续的信息点，配合进行历史数据回放，实时监测画面如图 4-1-3 所示。

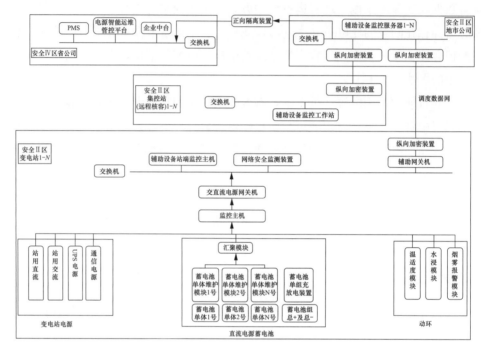

图 4-1-1　系统架构

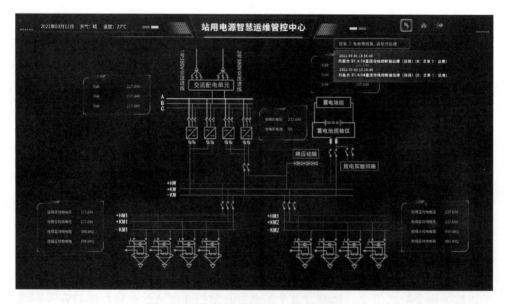

图 4-1-2　交直流系统运维一体化平台界面

3. 蓄电池远程核容

系统对蓄电池组放电参数设置，执行管理员下发的远程核容指令，系统顺序控制按照规范要求执行操作命令，所有控制都有完善的权限审核及校核机制。系统开始进行当前蓄电池状态自检，自检结束后进入放电流程，放电过程中，实时数据监测，当执行达到参数设置要求后，停止放电，并依次执行恢复开关流程。在核容过程中，系统出现告警时，放电装置自动停止放电，以确保电池放电安全，远程核容原理图如图 4-1-4 所示。

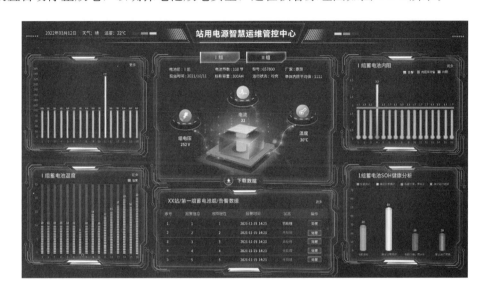

图 4-1-3　蓄电池实时监测画面

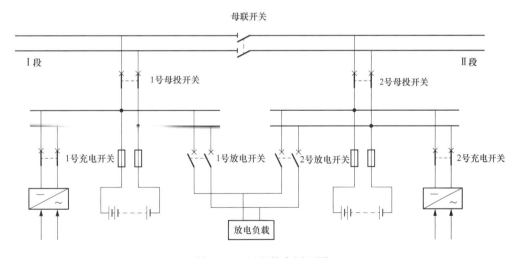

图 4-1-4　远程核容原理图

4. 蓄电池状态分析

根据蓄电池内阻测试、放电记录、蓄电池电压、内阻、温度上限、下限实时告警，分析蓄电池 SOC、SOD 性能变化，通过性能变化，判断蓄电池单体活化、单体替换、整组替换、整组更换策略。

5. 报警处理

系统告警发生时均可及时自动提示告警，显示告警信息，所有告警均可以设置为可视、可闻声光、语音告警等方式提醒或通知。发生告警时，应由值班人员进行告警确认。如果在规定时间内未确认，可根据设定条件通过短信等形式通知相关人员。系统能对各种历史告警按站点类型、设备类型、告警等级、发生时间、确认人员、确认时间等关键字段进行查询、统计和打印，同时能够查询与告警相关的遥测量及遥信量数据。

6. 故障录波

系统连续跟踪记录电池组电压、浮充电流、充放电电流、单体电压、内阻、负极柱温度等参数，并以曲线形式展示相关数据图表如图 4-1-5 所示，并通过智能分析，追溯电源故障，提出改进措施。

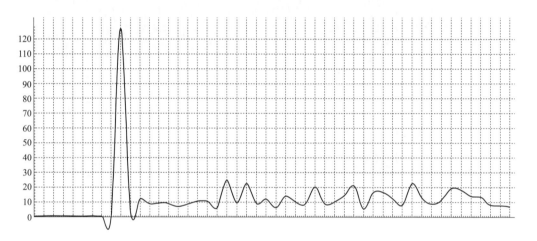

图 4-1-5　录波曲线图

7. 资产精细化管理

对所有设备，包括柜体，监控，仪表，指示灯，断路器等按站内真实场景，图形化呈现，可二维展示和三维全景展示，如图 4-1-6 所示。设备的台账信息，包括厂家、规格、型号、实物照片、出厂报告、质检报告等可维护、查询、统计。设备维修、更换信息可维护、查询、统计。实现设备从投运到退役的全寿命数据记录。

8. 缺陷闭环管理

按照缺陷登记，专责审核，消缺安排，消缺登记，消缺验收的流程，实现在线缺陷闭环管理。当发生报警时，系统自动进行缺陷登记。可对缺陷进行统计分析。系统对缺陷种类、缺陷等级、缺陷处理期限进行自定义。运维班组人员发现缺陷后，及时将缺陷登记到平台中。对于登记并已经鉴定的缺陷，相关人员应及时处理。对于超过处理期限而又未处理的缺陷，系统会发出声音和颜色报警，提示用户尽快处理。

缺陷登记和处理情况查询统计：平台提供完善全面的查询统计功能，用户可以根据各种条件对缺陷的情况进行查询，查询的条件包括设备编号、消缺序号、设备名称、发现人、缺陷类型、发现时间、消缺时间等。

图 4-1-6　资产三维全景图

9. 报表及数据统计

系统能生成并输出告警记录报表、告警统计表、操作记录报表等用户已定义的标准报表；同时能够查询各类测点历史曲线，以及不同测点组合后的多条曲线，供用户进行分析比较。

系统能够根据站点类型、设备类型、告警等级、时间段（周、月、季、年、任意时间段）等条件生成的告警统计报表、遥测量统计表；提供重要信号量的实时动态报表功能，实时反应用户重点关注的重要信息。

10. 系统自诊断

系统应能自动检测监控单元运行状态、软件模块的运行状况、服务器资源的占用情况，以及与其接口的设备或系统的通信联络状态等，实时反映系统自身的运行情况，故障时能及时告警。能够监视、查询、诊断主机、网络设备、采集设备及数据通道的工作状态。

第三节　站用电源运维的关键技术

一、准确评估蓄电池剩余容量 SOC 技术

蓄电池放电是把化学能转换为电能，蓄电池充电是把电能转换为化学能，有充放电电池就是动态变化的，有了变化电池的特性就会展现出来，浮充状态下各单体电池是静止的，电池的性能也就是剩余容量 SOC 无法精准获得。

对每节单体电池分时加载电能，会让每节电池、电池组、充电器及负载之间有了能量交换的充放电变化，依据这些参量的变化能精准评估蓄电池剩余容量 SOC。

二、在线甄别电池组中的开路电池技术

恒流源分时加到电池组中的每节单体电池上，若某单体电池开路则检测到电流值 I_0 为零。恒流源对电池组中每节单体电池逐次循环检测，能实时检测蓄电池是否开路并预警。

三、高精度内阻测试技术

利用恒定电流流经不同阻值的电阻压降则不同的原理测试单体电池内阻。恒流源分时加载到每节单体电池，通过高精度测试恒流源加载前后单体电池的压差变化、电流值计算获取单体电池内阻。传统的蓄电池内阻测试是放电法，缺点是电池的差异导致放电电流不同，测试内阻会扩大欠充荷电区域，导致电池差异性加大，对电池有害无益；交流法测试内阻因充电器输出杂波影响精度差。

四、"一键顺控"电池核容技术

系统下达放电指令，蓄电池核容模块逻辑顺次启动干接点信号控制各电动操动机构动作，判定各电操动机构动作状态信号，实现蓄电池核容试验，系统实时记录核容过程中电压、电流、温度的曲线变化，并形成分析报告，并创新构建直流系统防误操作预设模型库，与远程图像识别技术结合，实现了远程安全操控。

五、直流系统故障录波技术

通过监测记录蓄电池组的运行数据、蓄电池端电压的运行趋势，及电流变化趋势，确认蓄电池组脱线或蓄电池内部断线，可记录并确认直流系统任何一路断路器负荷侧故障电流的波形、瞬时电流数值。录波频率达 MHz 级，精度达 1mA，可记录各类故障波形及其峰值，并通过边缘计算实现对过载、短路、误操作等故障类型的判别。

六、基于三维全景及 AI 技术精准培训技术

利用三维建模技术，对电源设备进行精细化建模，首先基于三维模型虚拟操作，实现对设备的操作培训；其次将系统缺陷和故障处理的专业知识融入培训案例中，对电源设备检修、运行人员进行技能培训。最后实现仿真操作考核，基于仿真操作的规范性及操作时间进行评分，并根据每次的评分情况及培训人员的年龄、专业、岗位、日常工作职责对学员岗位能力进行评分，分析学员的成长情况，建立学员画像，针对不同学员制定不同的培训计划。

七、站用机房电源系统早期预警及专家研判技术

根据电源系统物理构成，结合国网运行标准，搭建健康评判模型，利用关键参数变化

趋势、关联参数聚类分析，将被动抢修转为提前预防。运用神经网络算法，学习和分析历史缺陷、故障和事故案例，构建知识图谱，形成专家系统。全面融合运检专业数据，实现多源系统联动，分析运行情况、常见故障、家族缺陷等。

第四节　应　用　案　例

一、技术优越性

本系统已经在山西、山东、河北石家庄进行运行推广，并实现变电站直流系统集中智能管控，搭建变电站直流系统管控平台的系统架构，建立完善、可靠的部署模式。通过管控平台及其通信协议标准，以及直流系统的主动预警及管控系统的系统架构和部署模式，可作为国网公司同类型变电站和运维班组的参考，大幅节约科研费用，缩短研发周期。

二、经济效益

企业应用后，基本可取代人工运维，大幅提升直流系统智能化运维水平，切实起到基层减负、提质增效的作用，带来的经济效益更加可观。

以石家庄供电公司为例，每年需进行核容试验 269 次、巡视 2436 次、消缺 154 次。由于人员紧张，试验及时率仅为 60%，造成直流设备性能下降，蓄电池寿命平均为 8 年。使用管控平台后，可产生巨大经济效益：

首先，可降低运维成本，核容试验和巡视可远程实现，每年可减少外派工作 913 人次，车辆使用 282 次，由此减少人员车辆费用 37.54 万元。

其次，增加设备使用年限，核容试验及时率达 100%，直流系统设备性能大幅提高，电池平均寿命延长两年，消缺次数减少 50%，每年可节省大修技改及消缺费用 53.24 万元。

最后，减少人员配置，可将直流系统运维人员由 38 人减至 10 人，节省 256 万元/年。

本文详细介绍了站用电源运维管控技术、架构原理、功能以及相关案例。通过系统可及时准确地掌握交直流电源系统的实时状态，并进行有效筛选，有利于及时发现并消除现有变电站直流系统运维中存在的缺陷，减少测试工作量、增强维护的安全性，由被动抢修转为主动预防，将隐患消除在萌芽状态，减少重复建设、重复投资，避免社会资源浪费。大大提高变电站直流系统运维效率及安全水平。

第二章　变电站内吊装作业一站式综合管控平台

随着现代工业生产的快速发展，起重机械已成为不可缺少的生产辅助设备。广泛用于工厂、建筑、港口、停车场、电力工地等场所完成各种物料设备的吊装、安装和人员运输，以减轻人们的劳动强度，提高劳动生产率。本章结合国内外起重机械的发展现状，重点阐述电力生产过程中吊装作业过程中的危险点、亟待解决的痛点和难点，并针对这些痛难点，研制了应用于变电站内的吊装作业一站式综合管控平台。该成果在推广以来，取得了良好的反响，减少了安全事故的发生，对使用单位带来了可观的经济效益。

第一节　国内外起重机械发展现状

一、起重机械的定义

起重机械是指通过起重吊钩或其他吊具以间歇、重复的方式起升、下降或升降和运移重物的机械设备。在 2014 年，国家质量监督检验检疫总局修订、国务院批准发布的特种设备目录中，起重机械的定义是指用于垂直升降或垂直升降并水平移动的机电设备，其范围规定为额定起重量大于或等于 0.5t 的升降机；额定起重量大于或等于 3t（或额定起重力矩大于或等于 40t·m 的塔式起重机，或生产率大于或等于 300t/h 的装卸桥），且提升高度大于或等于 2m 的起重机；层数大于或等于 2 层的机械停车设备。

随着国家高速基础设施建设和国内起重机械市场的快速扩张，起重机械已向大型重点产品、轻量化通用产品和通用零部件的发展趋势转变。

面对我国起重机械行业良好的发展势头，我们应重视起重机械设备的设计与制造技术，研究提出起重机械设备可持续发展的对策。在国际市场，我国生产的起重机械产品虽然已经进入行业前列，但在自主创新意识和自主品牌建设方面还存在一定的局限性。推动国内起重机械行业高质量发展的关键在于技术创新，结合现有先进制造技术，逐步向智能化发展。

二、起重机械发展历程

起重机械在我国的应用历史悠久。古代用于灌溉的桔槔如图 4-2-1 所示，是臂式起重设备的雏形。桔槔俗称"吊杆""秤杆"，古代汉族农用工具。是一种原始的汲水工具。商代在农业灌溉方面，开始采用桔槔。它是在一根竖立的架子上加上一根细长的杠杆，当中是支点，末端悬挂一个重物，前段悬挂水桶。一起一落，汲水可以省力。当人把水桶放入水中打满水以后，由于杠杆末端的重力作用，便能轻易把水提拉至所需处。桔槔早在春秋时期就已相当普遍，而且延续了几千年，是中国农村历代通用的旧式提水器具。这种简单的汲水工具虽简单，但它使劳动人民的劳动强度得以减轻。

在国外，阿基米德的杠杆原理衍生出了滑轮，而由滑轮逐渐衍生出的更复杂机械，逐步改变了人类的生活方式。公元前 10 年，古罗马建筑师维特鲁维斯曾在其建筑手册里描述了一种起重机械。这种机械有一根桅杆，杆顶装有由两个定滑轮和一个动滑轮组成的滑轮组，由

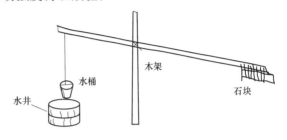

图 4-2-1　中国古代用的桔槔

牵索固定桅杆的位置，用绞盘拉动通过滑轮的缆索，以吊起重物。有些起重机械可用两根桅杆，构成人字形，把吊起物横向移动，但幅度很小，因此操作也十分吃力。也有古籍宣称，这种起重机是公元前 3 世纪由阿基米德发明的。古埃及和古罗马人按照这样的原理发展了很多种起重机的雏形。其中应用比较广泛的当属踏轮起重机。

中世纪踏轮起重机最早出现在法国，并被用于港口的货物搬运，时间大约是公元 1244 年。这一时期的起重机，主要构件都是木质结构。到了 15 世纪，意大利发明了转臂式起重机，解决了原始起重机比较费力的问题。这种起重机有根倾斜的悬臂，臂顶装有滑轮组，既可升降又可旋转。不过直到 18 世纪，人类所使用的各种起重机械还都是以人力、畜力为动力的，在起重量、使用范围和工作效率上很有限。

18 世纪中后期，英国人瓦特改进和发明蒸汽机之后，为起重机械提供了动力条件，将人力从这庞然大物中解放出来。1805 年，工程师伦尼为伦敦船坞建造了第一批蒸汽起重机。1846 年，英国的阿姆斯特朗把新堡船坞的一台蒸汽起重机改为水力起重机。20 世纪初期，欧洲开始使用塔式起重机。到 1933 年，有些起重机已装上了活动式起重臂。到 20 世纪初，欧洲人发明了汽车起重机，采用载重卡车底盘，搭载桁架臂或箱型液压伸缩臂，能在普通道路上行驶和作业；具有结构紧凑、快速转移、受场地限制较小、价格低廉等特点。现代社会，随着科学技术的不断发展，其主要制造国为德国、芬兰、日本等发达国家。其主要销售地区集中在北美、欧洲和亚洲。

我国起重机械的发展也经历了不断地创新。近年来，随着社会生产力的不断提高和交通、冶金、建筑等行业的快速发展，对起重机械设备的需求呈现不断增长的趋势。在一些特殊的使用环境中，对起重机械设备的性能提出了更高的要求。

我国起重机械行业是在不断积累和充分竞争的环境下发展起来的。第一代汽车起重机自 1960 年代问世以来，已经走过了 50 多年的历史，在设备研发和制造技术上取得了长足

的进步。当前，我国起重机械正以前所未有的速度步入国际竞争的行列。起重机械需求量的不断增加，不仅促进了我国起重机械制造水平的提高，也提高了起重机械产品的技术含量。吨位两极化和产品智能化是未来我国起重机械行业发展的主要趋势，即向大型化、迷你化方向发展。根据用户使用的产品特点，近年来起重机械行业的需求变化主要体现在：系列产品的模块化、标准化、组合化和实用性；通用产品的轻量化、小型化和多样化；产品性能自动化、智能化、集成化；产品设计准确、快速；产品结构新颖、美观、全面；重点产品高速、耐用；售后服务快捷、专业、人性。

面对用户需求的多样性和当前市场激烈竞争的影响，起重机械制造商开始考虑加快转型升级，加快两化融合，加强创新，让自己的产品跟上步伐时代的发展。

德国推出"工业 4.0"概念，即以智能制造为主的第四次工业革命，引入革命性的生产方式。该战略旨在充分利用信息通信技术和网络空间虚拟系统，即信息技术与物理系统的结合，实现制造业向智能化转型。

起重设备是企业制造过程中不可或缺的一部分。在制造业向智能化转型的过程中，起重机械行业将面临前所未有的挑战和机遇。面对复杂的市场环境，只有与时俱进，才能推动我国起重机械行业高质量发展。

三、制约国产起重机械发展的因素

虽然在目前的起重机械行业，我国已经成为世界最大的起重机械生产国和小吨位起重机械产品出口国，但在超大吨位、智能化起重机械的市场竞争中，国内企业的技术竞争力仍然不足，新材料、新工艺的发展仍是行业发展的障碍。超大吨位相关的技术突破，有望来自技术实力雄厚的国内大型企业，而中小型企业则可能缺乏技术沉淀和资金支持。

仅从起重机械行业的产量增长来看，我国实现了产值、出口量和产品质量的提升。但整体技术实力与发达国家相比仍有一定差距。同时，制约因素主要有政策和市场两个。

1. 产业政策收紧

近年来，国家大力倡导节能环保，对工程机械的政策也较为严格。在我国现行环保节能相关法律的约束下，加之部分地区环保政策要求严格，起重机械关键领域的设计制造技术要求有所提高，生产成本上升。起重机械数量大幅增加，从而加剧了市场竞争。

2. 日益激烈的市场竞争

目前，国内制造业面临着非常严峻的全球竞争。作为制造业的重要组成部分，起重机械领域也深受国际化的冲击。

长期以来，我国一些本土起重机械产品在国内市场占有非常大的市场份额，但后来随着一些国际品牌的不断参与，形成了国际国内品牌的激烈竞争环境。但是，国产起重机的设计还存在很多不成熟的地方，特别是在一些新产品、新材料、新技术的开发上。

作为我国制造业经济发展的重要支撑，起重机械行业将面临巨大的机遇和挑战。厂商要认清当前的发展形势，了解自身的优势和差异，及时引进、吸收和完善，加强创新，在产品性能自动化、智能化、数字化、柔性化等方面下工夫，成为新一代智能生产技术的领军者，也成为先进工业生产技术的创造者和供应者。

此外，在科学完善的起重机械设计制造标准体系下，促进起重机械标准化发展，提高我国起重机械制造的发展水平，为其开辟更广阔的发展空间，对促进国民经济的发展具有重要意义。

第二节　电力系统中的吊装作业

起重机械广泛应用于电力系统中的吊装作业中，主要分大型起重机械和中小型起重设备，其中大型起重机械包括：塔式起重机、龙门起重机、门座起重机、履带起重机、汽车起重机、轮胎起重机、桥式起重机、水塔平桥、混凝土布料机、施工升降机、水电站门式起重机、缆索起重机、塔带机、输变电用牵张设备等；常用中小型起重设备包括：钢索液压提升装置、简易升降机、烟囱和水塔提升滑模装置、吊篮、抱杆、机动绞磨、卷扬机、电动葫芦、手动葫芦、千斤顶等及其他起重机械。

为了规范电力系统施工作业中起重机械的使用，保证工作安全、规范地进行。国家电网有限公司出台了《国家电网公司电力建设起重机械安全监督管理办法》。健全起重机械管理机构与落实管理责任措施、完善起重机械安全管理制度与记录资料措施，规定了起重机械安装与拆卸管理措施、外租和分包单位起重机械安全管理措施、老旧起重机械安全管理措施、起重机械安全检查与评价措施、起重机械安全教育和培训措施等。为现场吊装作业安全在管理层面保驾护航。

在各类起重机中，变电站内施工作业使用最多的就是汽车起重机，也就是我们常说的吊车。随着经济社会的不断发展，电网建设也在加速进行，到 2019 年，河北电网投运110kV 和 220kV 断路器 6778 台，35kV 以上避雷器 27055 台，电流互感器 24539 台，电压互感器 11169 台。国网公司"三集五大"改革后，随着县域公司设备的纳入，国网石家庄供电公司变电检修中心管理的一次主设备基数成倍增长，现有检修人力及检修方法已无法满足工作内容多与作业时间短之间的矛盾。同时，随着"五通一措"及"现场作业标准化"检修管理办法的出台，检修项目及标准要求日趋严格，电力设备的技改、大修工作密集展开，现场工作中吊车的使用已然成为工作中使用频率最高和必不可少的重要环节，图 4-2-2 为吊装作业现场图。

图 4-2-2　吊装作业现场图

在传统吊装作业时，有以下危险点：

（1）大型吊车在高空操作过程中，与周边带电设备保持过近，受现场视线和场地影响，吊装设备时极易发生损坏设备的风险和触电。目前，变电站内的吊装作业通常是驾驶员和指挥员根据自身经验，控制和指挥吊臂与带电体保持安全距离，但由于吊车的吨位不同，吊臂的行程不同，驾驶员和指挥者经常无法准确判断距离，容易使吊臂与带电设备小于安全距离，甚至误碰带电体，可能造成高压设备对地形成短接，给电网及人身引发重大安全事故。

（2）计划停电范围与吊装作业工作范围的矛盾。为提高供电可靠性，相邻间隔的运行设备及重要用户的可靠供电尤为重要，设备停电检修时间普遍缩短；在一次设备更换检修现场，因带电距离把控没有量化值、在有限的检修时段内，工作安排日趋紧张。

（3）一次设备吊装作业与标准化作业要求的矛盾。吊装现场人员众多，作业人员的管控存在死点，设备现场布置散乱、交错，人员的活动范围缺少有效的管控，存在不规范、不标准的现象。

（4）智能化水平不足。当今科技飞速发展，智能化已经渗透到各行各业，极大地提高了生产经营效率。但是，传统吊装作业的智能化程度依然不足，吊车的行进、支腿放置、起吊等操作均由人力完成，容易判断失误或存在偏差，需要反复确认方可执行，效率不高，图 4-2-3 为传统吊装现场图。

图 4-2-3   传统吊装现场图

第三节   吊装作业综合管控平台的理论依据

为了解决吊装作业误伤作业人员和误碰带电设备的隐患，提高作业过程的智能化水平，研制了变电站内的吊装作业一站式综合管控平台。该项目分为智能型监控预警全方位立体化防护装置、激光雷达周界报警装置和北斗智能定位系统三个模块。

变电站内的吊装作业与建筑工地、市政建设等使用吊车时自由度有很大限制，变电站内各电压等级的设备相互交叉呈现蜘蛛网式的布线结构，各电压等级的对地安全距离具体为：220kV，≥3m；110kV，≥1.5m；35kV，≥1m；10kV，≥0.7m。如图 4-2-4 所示，具体来说当吊车在变电站内进行一项吊装作业，操作人员和指挥人员需要确认在何种电压等级的设备区，分清那根线是何种电压等级，当吊车吊起重物在旋转、伸缩过程中需要和带电的设备及引线保持一个安全的空气静距离，当吊车吊臂头接近某个电压等级的设备或者引线时，虽然还未触碰到该设备或者引线，但是如其小于安全距离，带电的设备或者引线就会对吊车臂产生空气击穿继而放电，造成人员的伤害和电网的停电。

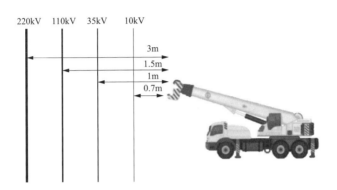

图 4-2-4　不同电压等级吊车头部与其保持的最小安全距离

这个安全距离的把控单靠人员在地面用肉眼预测，很难判别，但电网设备达到运行年限不满足电网可靠运行时又必须进行更换，现有的解决办法只能是停运相邻的带电间隔，停运的间隔既没有设备故障也没有检修工作，完全是被动的配合停电，这将造成电网负荷的减少，影响国家重要企业或者老百姓的正常用电，也给公司带来巨大的经济损失。因此，研制吊车监控预警智能装置，将其安装在吊车吊臂头上，用于实时测量变电站内相邻、近距离带电的设备与吊车距离，一旦接近安全距离立刻发出报警信号，从而避免误碰带电设备的发生。

目前，社会上已有部分吊车监控预警装置研究成果，国家电网公司研制的输配电线路通道汽车吊车智能视频识别装置，包括设置在输配电线路铁塔上的四台摄像机，且四台摄像机的拍摄位置不同，形成现场全角度拍摄：四台摄像机通过 WiFi 及无线路由器与视频分析服务器连接，将采集的图像传输给视频分析服务器，视频分析服务器通过 APN 内网专线与视频监控平台连接，视频监控平台与客户端电脑及手机客户端连接。

安徽省合肥市徐嘉颖开发的基于物联网感知预警的塔吊智能监控系统，包括通过无线网络通信连接的物联网感知端和塔吊测控端，物联网感知端安装在塔吊上，对塔吊作业区视频图像、塔吊与周边障碍物的距离、闯入作业区人员以及塔吊运行状态参数进行实时采集和汇聚，并通过无线网络传输至塔吊测控端；塔吊测控端安装在地面测控站内，通过无线网络接收来自物联网感知端采集的各种信号，经分析处理后进行直观显示，引导地面人员进行塔吊无线遥控作业；物联网感知端包括作业引导视频采集模块、障碍物超声波测距模块、人体红外检测模块以及塔吊状态监测模块。

徐州曼特电子有限公司研制的激光全景可视塔吊碰撞预警装置，包括视频监控单元和主控单元；主控单元安装于塔吊操作间，视频监控单元安装于塔吊人员视角盲区；视频监控单元包括视频采集单元和可任意角度旋转的激光测距单元；主控单元包括中央处理单元和分别与中央处理单元相连的视频处理单元、报警单元和显示单元；视频处理单元与视频采集单元连接，中央处理单元与激光测距单元连接。

吊装作业过程中机械伤害主要源自人员站在吊臂之下，起吊设备不稳造成的磕伤、砸伤等事故。经过对现场调研时发现，作业人员常常忽视吊装作业时人员不得站在吊臂之下的安全规定，因此，研制全方位立体化防护装置，管控作业人员位置，使其远离吊臂和起吊设备，有效减少机械伤害事故的发生。

吊车在起吊前需要放置支腿，稳定车身。吊车支腿位置选择时需要考虑能够顺利起吊设备、不得碰触周围带电体、吊车能够顺利通行、不影响作业人员进行相关作业等。为了能准确快速地找到支腿放置的最佳位置，引入北斗卫星定位技术，结合控制理论中的最优化算法，计算出最优位置，增加吊装作业的智能化水平。

北斗卫星导航系统（简称"北斗系统"）是中国着眼于国家安全和经济社会发展需要，自主建设、独立运行的全球卫星导航系统，是为全球用户提供全天候、全天时、高精度的定位、导航和授时服务的国家重要时空基础设施。2020年7月31日，北斗三号全球卫星导航系统正式开通，标志着北斗"三步走"发展战略圆满完成，北斗迈进全球服务新时代。

北斗系统由空间段、地面段和用户段三部分组成，空间段由若干地球静止轨道卫星、倾斜地球同步轨道卫星和中圆地球轨道卫星等组成；地面段包括主控站、时间同步/注入站和监测站等若干地面站，以及星间链路运行管理设施；用户段包括北斗兼容其他卫星导航系统的芯片、模块、天线等基础产品，以及终端产品、应用系统与应用服务等。

目前，北斗系统运行平稳，经全球范围测试评估，北斗系统服务性能为：全球范围定位精度优于10m，测速精度优于0.2m/s，授时精度优于20ns，服务可用性优于99%，亚太地区性能更优。

北斗系统提供服务以来，已在交通运输、农林渔业、水文监测、气象测报、通信授时、电力调度、救灾减灾、公共安全等领域得到广泛应用，服务国家重要基础设施，产生了显著的经济效益和社会效益。基于北斗系统的导航服务已被电子商务、移动智能终端制造、位置服务等厂商采用，广泛进入中国大众消费、共享经济和民生领域，应用的新模式、新业态、新经济不断涌现，深刻改变着人们的生产生活方式。

最优化理论与算法是一个重要的数学分支，它所研究的问题是讨论在众多方案中什么样的方案最优以及怎样找出最优方案。由于生产和科学研究突飞猛进的发展，特别是计算机的广泛应用，使最优化问题的研究不仅成为一种迫切的需要，而且有了求解的有力工具，因此迅速发展起来形成一个新的学科。至今已出现了线性规划、整数规划、非线性规划、几何规划、动态规划、随机规划、网络流等许多分支。

算法包括单纯形法、两阶段法、大 M 法、最速下降法、牛顿法、共轭梯度法等。单纯形法是求解线性规划问题最常用、最有效的算法之一。单纯形法最早由 George Dantzig 于 1947 年提出，基本思路是：先找出可行域的一个顶点，据一定规则判断其是否最优；若否，则转换到与之相邻的另一顶点，并使目标函数值更优；如此下去，直到找到某最优解为止；两阶段法把增加人工变量的线性规划问题分为两个阶段去求解，第一阶段主要是为了得到原问题的一个基本可行解，第二阶段是在第一阶段得到的基本可行解的基础上求解原线性规划问题。梯度下降是迭代法的一种，可以用于求解最小二乘问题（线性和非线性都可以）。在求解机器学习算法的模型参数，即无约束优化问题时，梯度下降（Gradient Descent）是最常采用的方法之一。在求解损失函数的最小值时，可以通过梯度下降法来一步步地迭代求解，得到最小化的损失函数和模型参数值。

第四节　吊装作业综合管控平台的模块介绍

一、平台基本模块组成

1. 智能型监控预警全方位立体化防护装置

预警装置其主要模块安装在吊车吊臂顶端，这样吊车就好比有了眼睛一样，具体怎么实现的呢，吊臂顶部的理想监控范围为球形立体监测，面积大，距离远，精度稍低。这与目前传感器行业小面积、高精度监测的趋势相冲突，为解决这一矛盾，我们参考了工业自动化领域的机器人激光避障设计与汽车行业的超声波倒车雷达设计，采用了 360°激光扫描传感器如图 4-2-5 所示与长距离超声波传感器如图 4-2-6 所示相结合的方式，最大范围地覆盖敏感方向，并安置有前置高清摄像头，多种手段相结合，对吊车头部进行安全监控，保证安全操作距离。

相对于更复杂的空间雷达探测方案，该方案设计成本低，周期短，更加可靠、耐用，抗电磁干扰能力也更强。

图 4-2-5　360 度激光扫描传感器　　　　图 4-2-6　超远距离超声波测距传感器

激光扫面属于平面扫描系统，空间立体范围内的盲区要依靠超声波探测进行弥补。由于电力施工的最大安全距离可达 6m，我们还需要一种超远距离的超声波测距传感器，德国产倍加福 UC6000 系列传感器的探测距离可达 6～8m，探测角度可以覆盖 30°左右，可用于弥补激光扫描传感器空间探测的不足。

此外，装置头部还加装海康威视 DS 系列微型网络摄像头如图 4-2-7 所示，用于采集实时图像，加强装置的监控能力。

多种传感器信号通过模拟量采集单元，采用以太网的形式，汇总于内置无线路由器，并通过无线网络，传输至后台手持式电脑上，通过我们自主研发的软件可以为现场操作者提供操作距离的参考，如图 4-2-8 所示。

图 4-2-7　微型网络摄像头

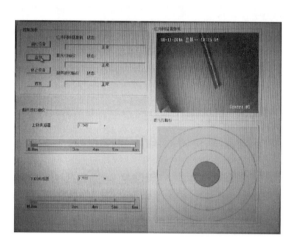

图 4-2-8　配套软件界面

此外，装置还内置大容量锂电池，保证装置可以长期独立运行，不受现场电源所困扰，临时实验平台效果如图 4-2-9 所示，装置整体外观如图 4-2-10 所示，外壳及尺寸如图 4-2-11 所示。

图 4-2-9　临时实验平台效果图

图 4-2-10　整体外观图

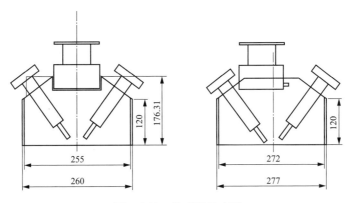

图 4-2-11　外壳及尺寸图

电子避障装置采用无线通信方式与地面监视系统连接，作业人员在地面通过自主研发的软件实现数据的交互并显示在平板电脑，这样我们就可以对近电时吊车头与带电体的距离进行精确把控。软件操作界面和功能如图 4-2-12 所示，图中：

（1）监测按钮，用于打开监测装置；

（2）停止按钮，用于关闭监测装置；

（3）红外网络摄像机，图像传输监视屏；

（4）上部传感器，栏内用于显示吊车吊臂上部距离物体的实际距离（精确到厘米）；

（5）左部传感器，栏内用于显示吊车吊臂左部距离物体的实际距离（精确到厘米）；

（6）右部传感器，栏内用于显示吊车吊臂右部距离物体的实际距离（精确到厘米）；

（7）下部传感器，栏内用于显示吊车吊臂下部距离物体的实际距离（精确到厘米）；

（8）综合传感器，栏内用于显示吊车吊臂上下左右部距离物体的距离（仅显示红点表述）。

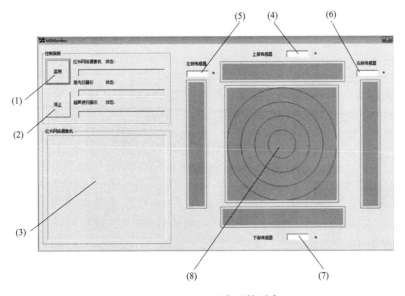

图 4-2-12　PDA 距离监控平台

吊装作业开始前将监控预警装置安装在吊车的吊臂正前方，将 PDA 显示监控软件打开，并对其灵敏性和感应器进行校验。通常做法为将标准距离缩短为 2m 位置设置障碍物，观察 PDA 监控软件中距离指示为（2±0.05）m 即为指示正确，装置原理如图 4-2-13 所示。

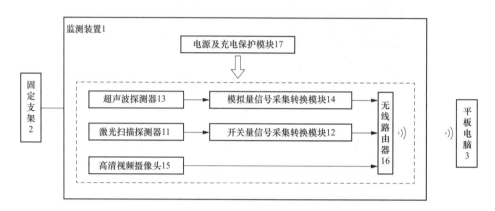

图 4-2-13 装置原理图

将工作区域用感应式报警围栏围住，同时对每一位工作成员发放一个感应装置，确保感应围栏和装置均已在满电状态，在 PDA 上定位确认每一位工作人员的感应器良好准确。

除挂钩、摘钩外，吊车开始进行吊装作业时，任何人员不得站在吊臂下方，作业负责人和专责监护人员应严密注视作业现场，并注意观察 PDA 反馈的人员活动范围及吊臂距带电设备的安全距离等信息。

手持 PDA 功能还包括：通过无线通信方式将缺陷试验数据及时准确地发送至手持 PDA；PDA 装有电力设备检修作业智能内窥镜模块如图 4-2-14 所示，可将数据发给上级领导或相关部门，从而达到试验数据快速共享、故障缺陷快速分析、快速消除的目的。另外，配备电力设备检修作业智能红外测温接口模块如图 4-2-15 所示，易携带易接口可以方便红外测量平时忽视的保护回路的温度。

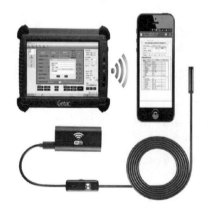

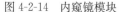

图 4-2-14 内窥镜模块

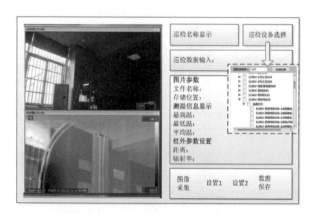

图 4-2-15 红外测温报警接口模块

该软件还配备作业现场单兵智能监控及定位模块，预想以后单兵增加 GPS 定位，这样工作负责人能在手持 PDA 上实时查看各个工作班人员实际位置。

国内、外目前的吊车生产厂家所生产的吊车，针对的用户大都是不需要吊臂头与物体计算距离的，因为作业人员在地面用肉眼就能看到吊车臂旋转、伸缩能不能触及物体。我们设计的安装在吊车吊臂头部的装置主要还是用于变电站内进行吊装作业避开不同电压等级设备，准确测量出具体的数值并保证在安全的带电距离范围内，不停电进行吊装作业，吊车装置安装后的效果如图 4-2-16 所示。

图 4-2-16　吊车装置安装后的效果图

与国内已有吊装作业监控系统不同的是，本课题研制的基于监控预警的吊装作业智能型全方位立体化防护装置，激光扫描探测器、超声波探测器及高清视频摄像头通过四棱台的结构，让三者之间形成互补；通过四棱台结构，超声波探测器的探测角度大于 120°。以上技术内容，在国内文献中未见相同报道。图 4-2-17 所示为平板电脑上的软件能够显示吊车头部与带电设备距离的相应数值。

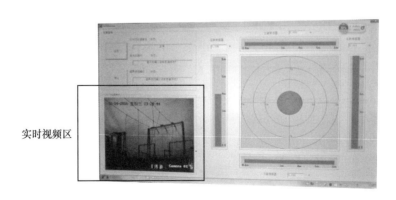

图 4-2-17　平板电脑上的软件能够显示吊车头部与带电设备距离的相应数值

2. 激光雷达周界报警装置

该装置可以在作业人员误入吊装作业危险区时发出报警信号，提醒作业人员远离，有效减少机械伤害事故的发生。电源、声光警号、激光雷达探测及控制集于一体，实现零布线快速布防。激光雷达发收一体设计，警戒距离可达 500m，范围可灵活设定。该装置单机即可独立工作，多个设备可布设任意警戒区域。具有 IP65 防护等级，可以在雨天使用。内置大容量锂电池，正常待机 72h，无须外部供电。使用美国邦纳高亮度发声指示灯，95dB 持续高音，警戒效果好。

报警装置设置在吊装作业现场周围，有检测吊车吊钩与作业人员距离的功能，通过摄像头计算摄像头到作业人员的距离，记为 h_1，计算摄像头到吊车吊钩的距离记 h_2，再计算两边之间的夹角记为 α，那么最终吊车吊钩与作业人员的距离为

$$s = \sqrt{h_1^2 + h_2^2 - 2h_1 h_2 \cos\alpha}$$

3. 北斗智能定位系统

北斗智能定位系统解决了吊车支腿放置位置的选择问题，当确定起吊设备和周围带电设备及建筑物情况后，系统联合北斗定位利用最优化算法自动分析计算出支腿放置的最佳位置，做到智能网联，安全高效。

二、项目应用实效

在近电作业吊装时，对于安全距离的把控较为精准，避免了人员无法判断吊臂与带电设备的安全距离，从而申请相邻的近电间隔停电带来的巨大负荷损耗，尤其对紧急的缺陷消除，及重要用户的用电，具有重大经济效益和社会效益，能够为公司减少因目测安全距离不够必须停用相邻间隔带电设备带来的巨大经济损失。

该平台有效管控作业人员误入吊装作业危险区，减少了相关机械伤害事件的发生；加快了吊车支腿放置速度，提高了工作效率；自主研发的 PDA 软件，收集了实时监控，吊装预警，内窥缺陷，红外测温，单兵定位五个模块的数据，构成了一个全方位立体化监控预警大数据网系统，为作业安全保驾护航，大数据管理尽在掌握。

该系统在公司推广后，受到了职工和社会的广泛好评。成果使用两年来，减少了吊装作业中因相邻近电导致的相邻间隔停电给电网带来的负荷损耗，以及相关重要用户因停电带来的经济损失，相应降低生产成本 200 万元。明细如下：

（1）产量：10 套。

（2）新增销售额（万元）：单台售 10.5 万元×10 套＝100.5 万元。

（3）新增利润（万元）：累计完成断路器、隔离开关、电流互感器、电压互感器更换吊装工作 122 次，8 人 4 小时变成 6 人 2h，①每人每日 50 元补助，收益 1＝补助×减少工作人次×吊装工作次数＝50×(8－6)×122＝1.22 万元；②每人每小时加班补助 30 元，收益 2＝加班补助×单次减少用时×节约工作人员数×吊装工作次数＝30×2×(8－6)×122＝1.464 万；③设备停电时间大幅缩短，平均电价 0.5 元/kWh，停电减少功率 0.7 万千瓦，有效提高售电量，生产效益 3＝平均电价×停电减少功率×单次减少用时×吊装次数＝85.4 万元。

总收益＝188.08 万元。

目前该项目已通过国家科技查新报告，申请国家发明专利 4 项、实用新型专利 2 项，同时河北经济频道对此项目做了专题采访报道如图 4-2-18 所示，得到了公司及社会各界一致认可和好评。

图 4-2-18　专题采访报道

该成果迎合了当前状态检修下互联网＋和大数据管理的创新理念，力求把实物完善，把创意做实，不断激发员工创新思维和能力，一切为了现场工作的本质安全服务。

第三章 继电保护状态检修研究与应用

随着电力设备智能化和自动化程度的显著提升及电网规模、电网运行技术的迅猛发展，电力系统的安全运行更加依赖于电力二次系统的安全与稳定。但是继电保护检修方式仍然还是采用定期检修，这种检修方式已经不再适用当今的电网发展。随着微机保护功能的完善和发展，保护设备的自诊断能力也不断增强。传统的定期检修模式已经不再适应当前电网发展要求，因此实现依据二次设备的实际状态确定检修策略的二次设备状态检修尤为重要。

第一节 课题背景及研发的目的和意义

一、课题来源和研发目的

继电保护设备在电力生产中的检修维护，现在有定期检修和故障抢修两种。定期检修是按照电网检修标准来进行检修，一般为每年部分检修，每三年全部检修。这种检修模式会存在损伤设备的风险，并且浪费大量的人力物力。特别是刚投入运行的保护装置，也要定期检修。这种的检修模式既不科学合理也浪费资源。还有一些投运很长时间的电气设备，部分零件损耗到了运行周期，频繁出现故障，这种设备却不缩短检验周期。故障抢修为保护设备发生故障及事故后进行的设备抢修工作。事故后才去进行抢修，显然检修人员没有及时发现事故隐患，日常巡检维护工作没有做到位。因此以往的保护设备定期检修应逐步转变成状态检修模式。从电力生产实践中发现，继电保护设备不管是定期检修还是事故后维修，都满足不了现在的电力生产安全可靠性的要求。所以继电保护设备状态检修技术得以发展并实施，对继电保护设备及二次回路等，根据实际的运行状况制定一个科学的状态评定标准，从而延长检验周期或减少检修项目等。

继电保护设备在电力生产运行中是保障电网、设备、人身安全的关键技术，是维护电网安全稳定运行的基础环节。建立科学的继电保护设备状态检修体系，并实施继电保护设备的状态检修势在必行。

二、继电保护状态检修研究发展历程

1. 国外研究现状

随着科学技术的发展和生产安全可靠性的不断提高，继电保护设备检修逐渐被重视，

继电保护设备检修技术也逐渐发展成熟。事后抢修（break maintenance）是第一次产业革命时期主要的检修模式。事后抢修是当设备出现故障后被动地进行抢修工作。这种检修模式很被动且对设备和人身都产生很大的威胁和伤害。发展到第二次产业革命时期，有人提出了预防性维修（prevention maintenance）的概念。也就是状态检修的前身。是遵循规定要求在设备功能降低或发生故障之前采取的检修维护工作，从而防止事故的发生。随着检修技术的不断发展，生产条件的不断完善。产生了以制定好的按周期和检修试验项目的定期检修为主检修模式。状态检修（condition based maintenance）是美国杜邦公司在 1970 年最先提出的理论。状态检修是利用在线监测技术监控设备的实际运行状态，以实际运行数据来评估设备的健康程度，然后诊断出设备检修的适当时间或者是否需要对设备进行检修试验。这种检修方式大大提高了设备的运行周期，节约了大量的人力物力等资源，增加了设备运行的可靠性，使检修工作的检修项目内容和实验周期更加合理有效。加拿大和美国就是很好的例子，他们通过计算机网络软件利用停电管理系统（QMS）和地理信息系统相紧密联系起来。当设备出现故障后，利用该系统能很快确认故障点和故障状况，并对检修运行人员提出合理且行之有效的建议。大大地提高了事故抢修的效率，提升了电网的安全性和可靠性。

2. 国内研究现状

我国电力行业最近几年对电气一次设备状态检修的研究与实施很重视，成效也很显著，技术趋于成熟，已经广泛应用于电网一次设备检修当中。相对地，电气二次设备状态检修还处于摸索起步阶段。随着继电保护的普遍应用，微机技术已经成熟。但由于各厂家微机保护配置和功能不标准、不规范，在运行中暴露出一系列的问题。国家电网因此推出了功能配置统一；回路设计统一；端子排配置统一；接口标准统一；屏柜压板统一；保护定值、报告格式统一，即六统一原则。继电保护装置在保证能够可靠实现必要的保护功能的情况下，应尽最大可能减少外部输入量及保护柜之间的柜间环线，从而使保护装置对外部设备及回路的依赖降低到最低。国网六统一的实施不仅提高了保护运行的水平，提升了电网安全性，而且也为继电保护二次设备状态检修的实现奠定了夯实基础。

我国目前继电保护装置的校验工作规定分为新安装装置的验收检验、运行中装置的定期检验、运行中装置的补充检验。新投入运行的继电保护二次设备要求在运行的一年内要对该装置进行全部校验，之后每年都要进行一次部分校验且每隔 2～4 年要进行全部校验。传统的继电保护二次设备检修只按照标准规定时间周期进行二次装置检修，不将设备的实际运行情况考虑在内，因此这种检修模式存在着很高盲目性与强制性。电气二次设备检修是电力生产过程中的主体部分，有助于保障电网安全可靠地运行、二次设备运行寿命的增长。随着近年来电力系统规模的不断增长以及二次保护装置功能的完善，以往的检修方式不再符合当前的可靠性要求，即对安全生产造成威胁，又有针对性不强等缺点。针对这一问题，国网公司已经着手对电气二次设备状态检修技术的研究、现检修工作已经有序开展，并且将试点工作单位定在了继电保护水平较高的浙江地区。状态检修技术在不断发展完善的同时，也面临了各种各样的疑难问题。还要求电力人员慢慢钻研和不断实践，使其适应我国电力系统的发展要求。

在传统设备定期检修中，只是按照时间的要求对设备进行相关的检修，而不是根据当时的实际情况做出相应的检修。这种方法采用周期性的工作方式，往往存在着盲目性和浪费问题，主要方面如下：

（1）造成资源的浪费。采用定期的检修方法（例如 2 年），某些设备可能因为不及时的检修或者过早的检修，使得设备的利用效率降低。每次检修需要投入大量的资源（人力、物力），可能会在检修的过程中造成其他的问题，使得情况越来越严重。这必然会造成资源的严重浪费。

（2）检修质量无法保证。随着社会的快速发展，越来越多的工业负荷持续增加，越来越多的家用电器进入家庭，人们对于电力水平的要求也随之增加，进而电力部门需要更多的变电所和电气设备。在传统的设备检修中，相关的检修人员却不会增加那么多，就会必然增加了检修人员的工作负担，检修的质量也就会无法保证。

（3）检修不到位。检修只是根据时间的周期工作，不能掌握设备的实际工况，所以不能做到精确的检修。

（4）停电次数多。传统的装置检修需要断电后才能进行检修。定期检修中检修的次数越多，停电的次数也就越多，使得电网更加不稳定，进而导致故障概率的增加。

通过上面的分析，定期检修存在着诸多方面的问题，而且相互矛盾，这必然会影响到电网的稳定性和安全性。

目前微机保护装置已经全面取代了常规电磁型保护装置，微机保护与传统的继电保护相比较，具有以下优点：

（1）简单可靠。微机型保护装置使用 CPU 收集数据采样信息，并完成逻辑运算功能，在继电器方面使用先进的完全密封式结构，从而在整体结构上比传统的继电保护装置简单。而且避免了传统装置中继电器接点的接触不良问题，使得二次回路保护装置工作更加准确和可靠。

（2）自我调节功能。在微机型保护装置中如果出现装置问题或者异常现象，就会自动切断相关线路，保护相关的设备，实现自我调节的功能。

（3）方便快捷。微机型保护装置的软件编程具有很好的互换性和模块化，并且通过微机接口，显示和打印相关的检修结果。

通过上面微机型保护装置与传统保护装置的对比，可以看出微机型保护装置具有优良的可靠性，使得传统保护装置的各个方面都得到了很大的改善。所以传统保护装置的二次设备定期检修方案不适用于微机型保护装置。

第二节　继电保护设备状态检修原理

一、继电保护系统构成

继电保护设备状态检修的过程比较烦琐、也比较复杂。它涉及电力系统中外在和内在多种因素条件。如果对继电保护系统的结构有所了解，明白各个二次设备的位置、功能及其作用，会对检修工作帮助很多。尤其是在当发生故障后能及时地分析出事故发生的原因、事故的过程，以及给电力系统造成多大的影响，给继电保护状态检修的实施提供技术等方面的支持。

图 4-3-1 所示是一个典型的线路保护系统结构图我们从图中可以明显地看出，保护系统中的各个元件之间是相互紧密联系的。当保护系统中有一个元件部分有错误情况，对整个系统也会造成影响。继电保护装置是为保障电气一次设备能正常运行。当继电保护装置出现故障后并不会影响电力系统的正常运行，在电气一次设备出现故障后，才会造成保护装置误动或拒动，给电网造成更大的损失。比如说线路保护出现报警，就有可能闭锁保护动作。当线路出现永久性故障后保护因有闭锁无法出口跳闸断路器。造成断路器拒动，有可能造成严重后果。就算是一个小小的逻辑元件出错，都有可能引起很大的事故，造成重大损失，继电保护系统里的隐患比比皆是。

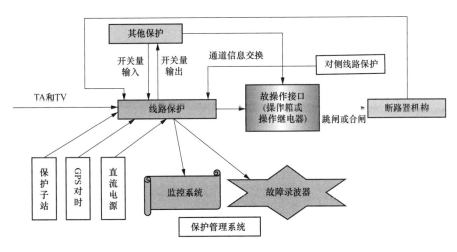

图 4-3-1　继电保护系统的构成

排除事故隐患是一件很重要的日常工作。虽然说小的隐患不一定会造成事故，如果多个隐患或者一旦系统出现异常情况，小隐患就有可能酿成大的事故。就好像有人有患病基因但不一定就会得这个病，但是如果这个人不注意饮食、生活环境等因素，患病的概率就会升高或者诱发生病。电网系统也是一样，当电网发生故障后，例如故障发生时引起了过电压等，隐性故障比较脆弱，重大隐患就被呈现出来，造成严重后果影响电网安全运行。

造成继电保护故障的隐患虽说有许多，但目前常见隐患有元件老化和外在环境因素影响。元件老化程度跟产品质量和运行情况息息相关，运行工况好且产品质量过硬元件的运行周期就会长很多。这就提醒电力企业在选择保护设备时不要单纯的考虑成本，还要考虑产品的质量，而且对于保护设备的运行环境要符合设计要求。温度湿度要适中，保护装置周围环境要干净整洁。比如保护装置周围灰尘大，细小的灰尘就会进入装置内部，就会降低保护装置内部有很多继电器等元件的动作准确性和时效性，使保护装置发生重大缺陷。

二、继电保护状态检修定义

继电保护设备状态检修是预防性检修工作，利用在线监测技术监测设备运行情况，诊断设备的健康状况，进而判断该保护设备检修的最佳时期或需不需要检修以及确定检修项目。继电保护状态检修要以实际为出发点，要确定解决故障诊断和在线监测的方式方法。状态检修能够增强保护设备的实际运行水平，节省检修投入大量的人力物力，还能够有效地缩短电网系统的停运时间，而且有利于减轻继电保护工作量，从而有效地提高了继电保护设备的可利用性和电网的可靠性及稳定性。

三、继电保护状态检修关键技术

因线路不停电检修技术的应用，及一次设备状态检修技术的推广与发展，检修设备时需要停电的时间被大大缩短。相对地以往的继电保护设备的检修已经不再符合当前的电网检修标准，继电保护设备推行状态检修方式是适应当前保护的发展的必然趋势。继电保护状态检修故障诊断的依据是对设备状态的监控，结合保护装置历史和检修记录，使用计算机网络等技术来诊断保护装置及其二次回路的健康情况。再依据诊断情况科学地制定检修项目及检修时间。继电保护装置、保护故障录波、故障信息子站及 PMU 等保护信息设备功能的完善与发展，为继电保护状态检修提供了技术支持。继电保护设备状态检修要依靠各种先进技术的支持与应用。在线监测和故障诊断技术、二次设备生命周期管理和预寿命估计技术和检修策略技术等重要技术相辅相成，对状态检修相关工作的开展与实践有极大帮助，故这些重要技术为电气二次设备状态检修的实施提供了软件支撑。

1. 保护装置在线监测技术

继电保护状态检修的时间不是固定的，根据保护设备实际情况来确定检修的最佳时间。充分利用目前微机技术等高科技的发展，不仅要依据微机保护模拟量测量、开关量检测、动作报告等信息，还要利用这些相关信息进行科学分析处理并传输给总机，总机对数据进行综合分析诊断并决定检修策略。检修的科学性大大地提高，也大大地减少了人工时间。故障诊断技术是充分利用保护设备的自诊断技术的功能。保护装置对内部模块进行自诊断，可以对装置 CPU 板、I/O 接口板、A/D 转换、电源插件板、RAM 等插件板进行循环检测。而且保护设备还可以利用硬接线、逻辑判断等现有方法对电流互感器和电压互感器断线、控制回路断线、直流回路绝缘监察等，对二次回路采取必要的检测手段和技术。从而通过微机保护对设备的异常原因和异常程度进行初步判断检测，为二次设备健康状态评估提供依据。

2. 故障诊断与在线监测技术

二次设备检修要贯穿设备运行的整个生命周期，并且还是保证二次设备功能正常稳定最重要的环节。对二次设备生命周期管理也是实现状态检修的主要技术手段也是状态检修最基本的依据。对电力二次设备寿命管理范围非常宽泛，所有的二次设备的动作行为都在管理范围内。二次设备生命周期管理和预测都要依据对二次设备的状态监测数据，通过微机技术等科学技术手段的应用，对大量的状态监测数据进行全面分析、诊断评估设备状态，从而对二次设备的生命周期进行估算，得到二次设备的剩余寿命。这有助于对二次设备制定出有针对且有效的状态检修策略。

3. 抗干扰技术

设备状态的监测是实现状态检修的必要条件。监控装置会受到所处环境各种电磁干扰，会严重影响状态监控装置设备状态信息的采集与管理。要实现二次设备状态检修必须保证监测状态的正确性和实时性。因此要采用必要的抗电磁干扰的手段。例如在相应的地点铺设符合规定的等电位接地电网是为了防止高频电磁对继电保护二次设备的干扰；二次回路中关于控制回路所有的电缆应有可靠的接地，电缆要采用带良好的屏蔽层的电缆并利用屏蔽层接地并且两端接地（交直流电源回路电缆不需要屏蔽接地），保护室内的电缆屏蔽接地；直流回路和交流回路不能在一根电缆中。直流是不接地系统，交流是接地系统，若共用一旦电缆线芯发生短路，直流回路就会发生接地故障影响设备运行，并且二者也会相互干扰；电缆铺设时要注意走线的路径，应避开避雷针和避雷器的接地点、电容式电压互感器等高压高频暂态电流大的设备；保护装置中的 I/O 回路中采用隔离变压器、光电耦合器及空接点等措施来降低保护设备二次回路中的电磁干扰。这些都是有效抑制电磁干扰的技术手段，为二次设备状态检修提供了环境保障。

四、继电保护状态检修主体思路

充分利用继电保护设备的自检功能对设备自身的健康情况及相关二次回路及设备运行状况在线监测情况，结合以往设备的运行检修相关资料，利用在线监测高科技等技术手段进行全面分析。从而发现故障的早期征兆，诊断出故障的位置，并对其进行隐患等级评估，然后确定设备的最佳检修时机及最合理的检修方案。继电保护状态检修时在电力设备在正常监测状态下，依据监测信息和装置健康评定情况制定合理的检修项目及科学的检修时间。二次设备状态监测、二次设备健康诊断、二次设备检修策略决策是继电保护状态检修的三大步骤。二次设备状态监测是基础，也为二次设备诊断提供依据。通过综合继电保护的自诊断信息、历史记录、检修记录等相关资料，利用专家系统等技术手段对设备全面客

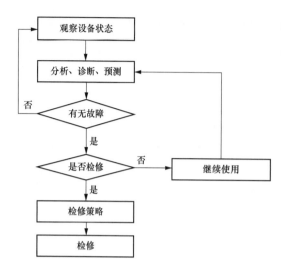

图 4-3-2　继电保护状态检修技术诊断流程图

观地健康评估。依据结果科学地安排最佳的检修时间和检修项目，从而对隐患设备进行全方位整改检修。图 4-3-2 是继电保护状态检修技术诊断流程图。

五、继电保护状态检修的必要性

继电保护设备状态检修通过设备的在线监测技术对设备进行科学评估，从而确定合理的检修方案，确保电网能够可靠稳定运行。继电保护设备状态检修与以往的保护检修模式相比较有以下几种优势。

（1）更加科学合理。以往的检修方式是按照规定好的检验周期和检修项目进行检修，到检验周期了不管实际运行情况等客观因素都要进行检修工作，这样就不可避免地造成人力物力的浪费。尤其新投运的设备也要到期检修，造成了"过度医疗"现象。继电保护设备状态检修对设备进行在线监测，确定科学的检修方案，让检修工作更加科学，更加合理。

（2）更加高效。继电保护状态检修对设备的实际情况进行科学分析后，制定的检修计划会使继电保护设备的停电次数减少，提高了电网运行的可靠性和稳定性。根据设备的需要采取有针对性的检修工作，不再一味地整体检修，这样会大大提高了检修效率和检修质量，而且也减少了检修人员的检修工作量。

（3）更加经济。以往的检修方式只要到周期了就盲目地进行检修工作，检修的同时会浪费很多资源，包括人力和物力。并且在检修工程中，由于检修的周期短且项目多等因素有可能对保护设备造成无法挽回的损伤。在实际定期检修工作中，因为检修人员误碰、误动、误操作引起保护误动作的事件有很多起。状态检修会针对设备本身的时间情况制定相应的检修项目。状态检修很大程度地减轻了检修人员的工作量，且提高了检修效率，节约了检修成本。

（4）更加必要。随着电网的持续发展，电网可靠运行的要求也越来越严格。继电保护定期检修方式不再满足当前形势。保护设备的功能也不断完善和提高，为继电保护设备状态检修的实施提供了重要的技术支撑和依据。

第三节　变电站继电保护状态检修可行性分析

一、变电站在线检测技术

在线监测技术是采用各种各样的测量、监测、分析手段，结合系统设备运行的全部状态信息，对二次设备健康程度的进行科学评估，便于掌握二次设备运行状况信息并将其记录在监控后台上，为二次设备的健康度的评估、故障分析及异常处理提供基础数据依据。一般情况下，同一时间不可能发生很多种设备故障，并且设备的劣化程度是逐渐发展的过程。通过在线监测技术对二次设备进行状态监测，二次设备出现异常的情况，异常迹象的变化趋势会清晰地记录在后台监控系统画面上。为检修人员评估设备是否存在发生故障的可能性提供有力依据。二次设备在线监测技术的原理是利用传感器、电压电流互感器、交换机等设备将设备运行的模拟量和状态量传送到后台机，再经后台机处理得到表征设备参数，结合经验和历史数据与确定的阈值参数比较，从而确定二次设备的状态情况。

二次设备一般分成三种状态。

（1）正常状态：二次设备及回路全部没有缺陷情况，或者有缺陷也不会对设备正常运行造成影响。

（2）故障状态：二次设备及回路存在问题，不能维持正常运行状态。包括故障初期且有故障发展趋势的早期故障；故障程度不高勉强维持设备"带病"运行的一般功能性故障；二次设备及回路故障已经严重影响设备正常运行，或已经对电网稳定运行造成威胁和破坏等。

（3）异常状态：缺陷发展到一定程度，保护设备满足报警条件并发出报警信息，但依旧拥有正常运行能力、保护功能依旧能够在一次设备故障后正常动作。这时要时刻关注设备状态的发展，制定合理的消缺方案并得以实施。

在线监测一定要保证采集的数据信息（包括运行数据、原始资料、检修资料、其他相关信息等）具有准确性和全面性。所采集的数据信息一定要真实可靠，且运行数据要具有实时性。从而保证二次设备评估结果的可靠性，检修策略制定更有针对性。原始资料包括二次设备的基本信息如生产日期、装置型号等出厂信息；设备合格证、技术和组织说明书、出厂报告、验收报告等。运行数据保护包含设备投运时间、运行方式和周期，运行时各项实时数据曲线、出现过的全部故障等。检修数据包含以往设备检修记录、试验报告等。对运行信息和原始信息建设评估模型具有非常重要意义，具有较高的参考价值。

二、变电站监控后台在线监测

图 4-3-3 所示是变电站及发电厂典型的后台监控系统结构框图。间隔层、通信层及站控层是综合自动化系统的重要的三大层。

（1）间隔层是以一个电气间隔中的继电保护设备来划分的，例如 220kV 某某线路间隔里的保护装置和测控装置就是一个间隔层的构成。目前保护及测控装置能够在潮湿、腐蚀、高频磁干扰、高温等极端环境条件下长时间可靠运行，增强了装置之间（保护装置、测控装置、操作箱等）的配合能力，设计被简化，大大提高了保护装置运行的可靠性和稳定性。

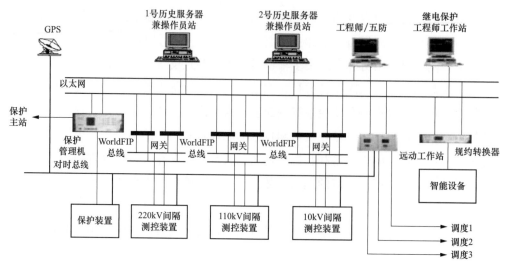

图 4-3-3　综合自动化系统典型结构图

（2）通信层目前都支持以太网通信、串口通信及其他通信方式且具有双网或单网通信构造；为了便于多个厂家装置之间的相互通信，通信规约都统一采用电网标准协议；为了实现通信传输的可靠性与时效性能，采用流量均衡的双网络先进技术；为了提高通信网络防高频电磁干扰，可以选用光纤组网技术；并且具备远动通信能力，能够向多个集控站或调度通过多种通信协议发送不同的报文信息；支持 GPS 对时功能，具备硬件守时能力，对时精准可靠。

（3）站控层具备多种组织形式，系统结构采用分布式，支持多机系统运行，也支持单机系统；站控层系统扩展很方便，且具有很高的可靠性与灵活性；调度值班员和运行值班人员利用站控层来对电厂及变电站中的电气设备进行控制、监视及管理。监控界面布局显示合理清楚，操作简单易于上手；采用了先进的组件技术大大提升了软件的兼容性能，完全适应当前电网监控系统的要求；设计精良，技术先进是监控系统的特点，让站内测控装置和保护装置密切配合，保护设备不再受外部通信和测控装置通信问题的干扰，保证了保护装置能长期正常稳定安全地运行。

三、变电站故障录波器在线监测

图 4-3-4 所示故障录波系统的网络拓扑图，故障录波装置设有 IP/TCP 的网络连接，也支持工业以太网通信接口。不仅便于集中管理电力监控录波系统，也节约了成本资金。故障录波可以通过 MIS 网的断点续传技术传输较大录波数据信息，也可以利用 FTP 服务器的方式将故障录波数据信息传输至故障信息技术管理中心。故障录波器还能够利用 103 通信协议将后台监控系统与以太网网络接口相连接。

四、保护设备及二次回路在线监测技术

1. 保护装置自检

（1）CPU 插件的自检功能：CPU 插件在保护装置上电过程中或保护装置正常工作中

对自身的程序区、模拟通道和存储器等单元进行自检。当 CUP 插件自检出异常后，保护装置将报警同时并闭锁保护。

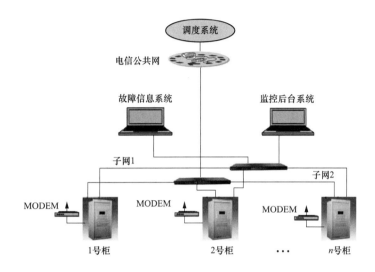

图 4-3-4　故障录波系统的网络拓扑图

（2）输入输出插件：输入输出插件在上电时对开入通道和开出通道、程序区、存储器等元件进行自检。利用自检线圈自检开出通道，模拟变位方式进行开入通道的自检。自检全面，且发现问题立刻报警。

（3）因为模拟通道有备用通道，保护装置对收集的数据信息进行实时跟踪校验，若差别超过设定的数值时，该模拟通道就会报错。

（4）通信通道实时自检功能：MASTER 插件和 CPU 插件对其所联系的各种插件进行实时通信自检，若出现通信中断后，保护装置立即发送告警信息。

（5）保护装置能够对其使用的电源进行实时监测，对保护配置、保护定值及保护程序等作 CRC 校验功能。

（6）控制字设置不合理设置进行自检功能，如果将重合闸控制字中检无压、检同期两种运行方式都同时设置投入运行，保护装置将报重合闸控制字错报警。

2. 继电保护智能远程巡检

继电保护智能巡检系统能够实现区域内变电站内保护装置在线监测与统计，包括保护动作事件发生次数、装置告警次数、保护装置自身录波次数与开关量变位次数的统计，如图 4-3-5 所示。

巡检系统不仅能够统计每日数据还能够对相关数据进行趋势模拟，通过大数据的计算对将来保护的状态做出一定的评价，根据所统计的信息对保护装置本身检修提供了实时数据。

3. 断路器状态监测

对断路器辅助接点的监视主要是常开、常闭两种接点。断路器在分闸位置时，常闭接

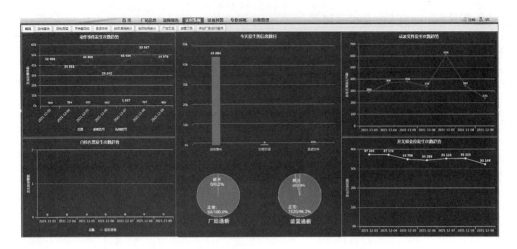

图 4-3-5   继电保护智能远程巡检信息统计界面

点处于闭合状态，常开接点处于断开状态；断路器在合闸位置时，常闭接点处于断开状态，常开接点处于闭合状态；即断路器在正常运行状态下断路器常闭接点和常开接点处于相反状态。如果断路器常闭接点和常开接点处于相同状态，则说明断路器有可能出现异常情况。当断路器在分闸位置时，断路器常闭接点和常开接点都处在断开状态，则说明常闭接点损坏或者断路器没有完全分闸即断路器问题；若断路器常闭接点和常开接点都处在闭合状态，则说明常开接点粘连或者断路器没有分闸到位即断路器问题。当断路器应在合闸位置时，断路器常闭接点和常开接点都处在断开状态，则说明常开接点损坏或者断路器没有完全合闸到位即断路器本身问题；若断路器常闭接点和常开接点都处在闭合状态，则说明常闭接点粘连或者断路器没有合闸到位即断路器问题。当出现断路器常闭接点和常开接点处于相同状态情况后保护装置应经一定延时（默认值 2s）后报警，加个中间延时的目的是避免断路器正常分合闸时发生误报警。通过保护装置中的编程逻辑实现断路器位置异常报警。对于三相分相操作断路器，重合闸方式投单重，当发生单相故障时，就会跳开故障相，并起动单相重合闸一次。对于这种分相断路器每一相都要引入一组常开接点和常闭接点即分/合信号，用来组成断路器位置异常报警的逻辑条件。

对于二次检修人员来说，以往断路器的定期检修主要内容是要保护装置动作后断路器能可靠动作（跳闸出口时断路器正确分闸，合闸出口即重合闸动作时断路器正确合闸）即跳合闸回路完整、断路器跳合闸时间满足厂家要求等，这种检修模式不能给予断路器细致的检修指导，很大可能造成了过度"医疗"的情况的发生，即浪费人力物力等资源，也有可能给保护设备造成伤害。因为保护装置引入断路器辅助触点实现断路器状态实时监视，保护装置会记录断路器全部的分合闸情况，包括断路器位置异常情况，因此通过对断路器状态监测的数据进行科学评估，便于分析确定具有指导意见的断路器状态检修方案。

4. 电流回路的监测功能

如果二次电流回路出现断线、接地等故障会直接造成保护装置误动作，所以以对二次电流回路的完整性做好检测。通过检测零序电压的有无来判断二次电流回路是否断线。

电流互感器断线检测：

（1）流入保护装置中的零序电流量大于启动电流值且持续时间超 12s，保护装置则会报警，报警信息为电流互感器断线，零序各段保护将被闭锁掉。

（2）差动电流互感器断线：一侧差动自产零序电流大于零序启动电流且延时大于 12s，该侧电流（单相）不大于 0.06 倍额定电流。差动电流值超过 0.15 额定电流，此时两侧保护装置报警，非故障侧报警信息为对侧电流互感器断线，故障侧报警信息为本侧电流互感器断线。报警之后，断线相保护相关差动功能保护被闭锁，电流互感器断线差动保护自动被投入，没断线相差动保护功能正常运行。

TA 饱和：电流互感器饱和的检查方式使用模糊识别法，保护装置诊断为电流互感器饱和时，差动保护的制动系数将被自动切换成高定值。

五、220kV 变电站状态评估策略

1. 保护装置及安全自动装置评估标准

二次设备环境指标：

（1）继电保护室内最大相对湿度要小于 75%，继电保护室内要有测量环境湿度的仪表，运行检修人员要每天该指标进行巡检并记录。该项指标劣化度为Ⅱ级，扣标准分 4 分，关键项权重为 1～2。

（2）继电保护室内温度要在 5～30℃以内为适宜，温度过高或过低的情况下要配备空调来进行调节。应用红外测温及温度测试仪检查，该项指标劣化程度Ⅲ级，扣标准分 6 分，当保护装置温度为 30°～50℃时，此时关键项权重为 1；当保护装置温度为 50°～60℃时，此时关键项权重为 2；当保护装置温度超过 60℃时，此时关键项权重为 3。

（3）保护设备应防止灰尘和不良气体侵入，保护设备、端子排及回路无明显潮湿、锈蚀、老化等现象，该项指标劣化度为Ⅰ级，扣标准分 2 分，关键项权重为 1～3。当保护设备、端子排及回路等轻微潮湿、锈蚀、老化等情况时，此关键项权重系数为 1；当二次回路出现锈蚀、潮湿、老化等情况对设备运行有一定影响但不严重时，此关键项权重系数为 2；当保护二次设备及回路出现潮湿、锈蚀、老化、密封不良等情况且严重影响二次设备运行时，此关键项权重系数为 3。

二次电缆绝缘电阻指标如下：

计量、测量电压回路及相关设备接入公用电压回路时应对其回路和相关设备进行对地绝缘检查。拆开保护柜内电压回路、电流回路及直流控制回路端子排端子的外部引线，电流回路和电压回路的接地线也要拆开，使用电压为 1000V 的兆欧表进行绝缘试验，测量电

压、电流、控制回路对地绝缘电阻值，要求数值不小于 1MΩ。电压、电流、控制回路绝缘电阻指标劣化度为Ⅴ，扣标准分 10 分；其他相关设备二次回路绝缘电阻指标劣化度为Ⅲ，扣标准分 6 分；当二次回路绝缘电阻范围在 1M～10M 时（采用 1000V 摇表测量绝缘电阻值），此时关键项权重系数为 1；当二次回路绝缘电阻范围在 0.5M～1M 时（采用 1000V 摇表测量），此时关键项权重系数为 2；当二次回路绝缘电阻范围小于 0.5M 时（用 1000V 摇表），此时关键项权重系数为 3。

保护装置运行参数指标如下：

（1）运行年限：该项劣化度为Ⅱ级，超过年限扣标准分 4 分，当二次设备运行年限在 6～12 年之间时，此时关键项权重系数为 1；当二次设备运行年限在 12～18 年之间时，此时关键项权重系数为 2；当二次设备运行年限超过 18 时，此时关键项权重系数为 3。

（2）二次设备缺陷指标：查看二次设备的消缺记录。劣化度为Ⅳ级，二次设备出现缺陷扣标准分 8 分，关键项系数为 1～3，当保护装置出现异常告警（面板通讯出错、不对应启动、日期时间值越界、过负荷等），此关键项权重系数为 1；当该保护装置电源插件、通信插件、备用插件等辅助元件损坏，此权重系数为 2；当该保护装置 CPU 插件、输入输出插件、模拟量采样插件等重要元件损坏，此权重系数为 3。

（3）定值区、定值核对异常指标：该项劣化度Ⅴ级，出现异常扣标准分 10 分，当因保护装置原因引起的定值数值错误，该错误不影响装置正常保护动作，此时关键项权重系数为 1；当因保护装置原因引起的投入停用错误，对运行有一定影响（如装置报读区定值无效等），此时关键项权重系数为 2；当因保护装置原因引起的定值严重偏移（保护板定值区出错等），此时关键项权重系数为 3。

2. 继电保护状态检修评估方案

（1）总体评估方案：

1）良好状况。当二次设备整体综合评估得分小于等于 29 分，则认定该二次设备为良好状态，该二次设备可以确定检修方案为 C 类或者 D 类检修，A 类检修建议延长周期 1 年。

2）注意状况。当二次设备整体综合评估得分大于 29 分且小于等于 38 分时，则认定该二次设备为注意状况，该二次设备 A 类检修要按正常定检周期安排，认定检修策略确为 B 类或者 C 类检修方式。

3）异常状况。当二次设备整体综合评估得分大于 38 分且小于等于 46 分时，则认定该二次设备为异常状况，断定检修方案为 B 类或 C 类检修模式，依据实际情况可以缩短或者不缩短 A 类检修周期。

4）紧急状况。当二次设备整体综合评估得分大于 46 分时，则认定该二次设备为异常状况，要立即制定有针对性的检修方案和计划安排，认定检修策略确定为 A 类检修。

（2）检修决策：

1）依据继电保护状态检修状态评估结果确认年度检修策略，制定检验项目及时间安排等。

2）检修等级分类。继电保护状态检修分为 A 类检修、B 类检修、C 类检修、D 类检修，其中 A 类检修、B 类检修、C 类检修为停电检修；D 类检修为不停电检修。停电检修指一次设备停电之后二次设备才能进行检修工作。

A 类检修：保护装置更换、二次设备整屏更换、二次电缆更换后以及新设备安装投产后第一次检修进行的全部检验工作。

B 类检修：装置插件更换、辅助装置更换、部分电缆更换、CPU 程序版本升级及配合一次设备缺陷处理或者停电检修的继电保护装置及其二次回路部分检验。

C 类检修：对继电保护装置及二次回路进行常规外观检查、保护校验、开关量核对等。

D 类检修：在一次设备和二次设备不停电的情况下进行维护检查或者在带电检测工作。

3. 绩效评估方案

（1）继电保护绩效评估是指利用科学的方法、准则及计算机程序，对执行的继电保护状态检修的运作体系的策略、有效性、目标实现程度及适应性开展评估。

（2）继电保护状态检修绩效评估涵盖实现效益指标程度的评估和实现可靠性指标程度评估。每套保护装置年平均每年检修花费的多少就是指效益指标。二次设备的使用寿命、故障率、无故障平均时间、保护正确动作率、保护错误动作率等就是指可靠性指标。

（3）从绩效评估中看到继电保护状态检修工作有问题存在，要对其问题高度重视并制定整改方案并逐条落实，开展继电保护的不断改进和实时动态管理。

六、220kV 变电站继电保护状态检修应用分析

1. 220kV 变电站 220kV 某线路间隔检修案例

220kV 变电站 220kV 某线路间隔保护采用双重保护配置，A 套保护装置是北京四方的 CSC-103D 系列，B 套保护装置是南瑞继保 PCS-931 系列。两套保护装置投运时间是 2016 年 5 月 18 日，投运 4 年，不超过年限指标；在最近的检修周期内有以下几项扣分及加分项：

（1）A 套保护 2M 线接口问题出现过一次差动保护通道中断事件，站内通信故障扣标准分 10 分，关键项权重为 1。

（2）B 套出现过短时间的 GPS 对时异常，因该线路有光差保护扣标准分 8 分，关键项权重为 2。

（3）因吊车施工误造成峨眉 1 号线线路 C 相单相接地故障，两套保护装置正确动作加

标准分 10 分。

（4）该间隔户外端子箱端子密封不严，造成端子排及二次回路潮湿、锈蚀等现象，扣标准分 2 分，此关键项权重系数为 2。经该厂继电保护状态检修评估综合得分为 20 分，但由于专项指标（二次设备内部信息检查指标）扣分为 26 分。经专家组认定该 220kV 电峨 1 号线间隔评估结果为注意状况。要根据实际运行状况提前执行 B 类检修或 C 类检修。执行停电检修之前要做好 D 类检修。

2. 220kV 变电站母线差动保护检修案例

220kV 母线差动保护采用双重保护配置，A 套保护装置是北京四方的 CSC-150 系列，B 套保护装置是南瑞继保 PCS-915 系列。两套保护装置投运时间是 2016 年 5 月 18 日，投运 4 年，不超过年限指标；在最近的检修周期内有以下 2 项扣分及加分项：

（1）A 套保护装置报备用采样板采样异常，经检修人员联系厂家处理，认定采样板损坏需更换采样板。采样板故障扣标准分 10 分，且因母线差动保护关键项权重为 2。

（2）因电厂 2 期工程废料没有及时处理，造成废弃布料因大风落在了 220kV 开关厂 I 母线 A 相上，又因冬天空气湿度大且有凝露现象，导致废弃布料对瓷瓶放电，造成 I 母线 A 相单相接地。母线差动保护动作跳开母联及故障母线所有电气连接部分，但由于人为原因挂在故障母线的 220kV 电峨 2 号线，因母线差动保护 A、B 套保护出口接线端子排为电流端子排且都在分离位，导致 220kV 电峨 2 号线后备保护动作，造成保护误动作；经专家组认定厂家设计存在缺陷，不应该将电流端子排用在控制回路端子排，存在一定隐患；检修人员对二次回路的完整性没有检测到位。认定保护误动扣标准分 10 分，关键项权重为 2。

经该厂继电保护状态检修评估综合得分为 40 分，经专家组认定该 220kV 母线差动保护评估结果为严重状况。要依据评估结果制定检修项目和类别，尽早制定检修计划并实施。实行停电检修之前要加强 D 类检修。

3. 状态检修实施前后效果比较

从表 4-3-1 中可以清晰地看出定期检修和状态检修在实现方法上的差异，若状态检修取代定期检修，意味着定期检修的主要目的必须由状态检修的技术实现，或者说状态监测技术必须能有效地解决定期检修所需解决的主要问题。国成电厂具备状态检修的硬件及软件要求并实施状态检修后，通过对二次设备进行科学的健康度评估，依据结果制定检修计划。对二次设备信息进行实时监控，节省了大量的人力物力，缩短了检修工作的周期，大大提升了检修的工作效率。通常来讲，保护作业实施检修的时间是相对不容易确定的，在现场工作中，需要根据现场工作实际进度来确定检修的最好时段。例如 220kV 母差保护 A 套由于评估结果为严重状况，并经专家组评定及时制定检修方案并落实。该保护装置问题被及时发现并处理。

通过开展继电保护状态检修，220kV 变电站一共 16 台保护装置缩短了 1 次全部校验，4 台保护装置提前进行了部分检验，发现了 2 个重要事故隐患。为国成热电厂节省了共计约合人民币 10 万元，保护装置平均寿命延长两年。

表 4-3-1　　　　　　　　　　　状态检修与定期校验性能比较

检验内容	继电保护状态检修和定期检修性能比较		
	状态监测方法	定期检修（3~6 年）	
		目的	
逆变电源	智能设备遥测显示、异常告警报文	万用表直接测量	防止电源电压异常影响保护装置正常工作
绝缘测量	保护装置遥信告警、自检报警	绝缘电阻表	防止二次回路绝缘降低或寄生回路引起保护拒动、误动
固话程序	在线调取，异常告警	掉电试验	防止装置掉电引起定值异常
数据采集	在线调取，异常告警	加载试验电流、电压	模拟量通道精度和平衡度检查
开关量	在线调取，异常告警	通过试验检查开入、开出	防止开入、开出异常引起保护误动、拒动
定值单	在线调取，实时评估	核对保护运行定值单	防止误整定
整组检验	在线调取，综合分析	在运行定值下模拟各种故障	检验保护动作行为
一次电流、电压试验	在线调取，异常告警	输入保护电流、电压大小、相位及极性	检查交流回路接线正确性
优点	可以及时发现问题，并能定位故障点；方法简单、安全、可靠	试验方法、结果真实可信、试验项目齐全	
缺点	必须经过一次保护新投产检验，必须检查数据库系统数据正确	试验过程复杂、试验方法不当可能引起其他保护误动；检修周期内保护异常不能发现	

第四节　继电保护设备状态检修实施效益和推广效果

继电保护设备状态检修实施以来设备失修、过修以及陪修、陪试率大幅降低，主变压器非计划停运率 0%，断路器非计划停运率 0%，主变压器重复计划停运率 0%，断路器重复计划停运率 0%，与应用前同期相比，输变电设备缺陷检出率提高了 61%，全面提高了变电设备检修的效率效益，实施效果图如图 4-3-6 所示。

图 4-3-6　继电保护设备状态检修实施效果

　　实施状态检修策略后，供电公司 2020 年下半年停电计划中 220kV 变电站停电工作数量由 73 项调整为 60 项，消减工作总量 19％；以往需要分别停电 4 次、出动作业人员 48 人次的变压器例行试验及主变三侧线路例行试验工作，现在仅需停电 1 次，工作人员 16 人次，单工作减少停电 3 次，用工缩减 67％，供电公司 2020 年下半年停电计划中涉及主变三侧工作共计 55 项，可减少停电 165 次，减少用工 1760 人次，综合考虑人力成本、车辆成本、设备成本、工器具成本及电量损失，实现经济节约 1280 万元，如表 4-3-2 所示。

表 4-3-2　　　　　　　　　　　　经 济 效 益 统 计 表

项目	应用前 （万元/年）	应用后 （万元/年）	节约 （万元/年）
人力成本	300	130	170
车辆成本	60	20	40
设备成本	800	340	460
工器具成本	40	20	20
停电成本	1000	410	590
合计	2200	920	1280

　　通过状态检修策略，停电时间与开工时间的精准掌控，每项工作开工时间平均提前 1.5h，作业用时平均缩短 1h，不同专业在作业现场全过程、全方位管控，实现了作业现场流程的整体优化。